建筑遮阳案例集锦
——居住建筑篇——

白胜芳　主编

中国建筑工业出版社

图书在版编目（CIP）数据

建筑遮阳案例集锦　居住建筑篇/白胜芳主编.—北京：中国建筑工业出版社，2015.8

ISBN 978-7-112-18434-7

Ⅰ.①建…　Ⅱ.①白…　Ⅲ.①居住建筑—遮阳—案例
Ⅳ.①TU226

中国版本图书馆CIP数据核字（2015）第209773号

责任编辑：石枫华　李　杰　兰丽婷
责任校对：刘　钰　赵　颖

建筑遮阳案例集锦
——居住建筑篇——
白胜芳　主编

*

中国建筑工业出版社出版、发行（北京西郊百万庄）
各地新华书店、建筑书店经销
北京京点图文设计有限公司制版
北京方嘉彩色印刷有限责任公司印刷

*

开本：787×960毫米　1/16　印张：13½　字数：260千字
2016年3月第一版　2016年3月第一次印刷
定价：138.00元
ISBN 978-7-112-18434-7
（27683）

版权所有　翻印必究
如有印装质量问题，可寄本社退换
（邮政编码 100037）

本书编委会

主　编　白胜芳

编　委　ArchDaily　冯　雅　付祥钊　蒋　荃　李家泉
　　　　　　李峥嵘　刘俊跃　卢　求　孟庆林　彭红圃
　　　　　　任　俊　沈万夫　王立雄　席靖雅　许锦峰
　　　　　　杨仕超　曾晓武　张俊义　赵士怀　赵文海

前　言

　　本书是《建筑遮阳案例集锦——公共建筑篇》的姊妹篇。在《建筑遮阳案例集锦——公共建筑篇》当中，我们以建筑的功能划分，介绍了 24 个国家和地区的 102 个公共建筑遮阳案例。本书，我们按照居住建筑的高度，从低矮建筑向高层和超高层建筑进行介绍建筑遮阳的案例。这里，我们收集了近 100 个居住建筑遮阳案例，包括 36 例低矮居住建筑、42 例多层居住建筑、21 例高层和超高层居住建筑的遮阳形式。

　　在我国，由于城市化进程不断加快，城市人口不断增加，国民经济水平持续提升，各不同气候区的居住建筑多以高层和超高层为主，因此，建筑遮阳的重点更加集中在这些居住建筑上。我国幅员辽阔，建筑气候区由南向北跨度较大，我国东南沿海多飓风和阴雨，而地处华北的北京市，近年来，已经出现了阵风超过 8 级的现象，在建筑遮阳的设计和施工时，安全、方便以及耐候性等因素越来越需要引起重视。从国内外高层和超高层居住建筑遮阳特色看，采用建筑构件或者利用镂空金属全覆盖作为建筑表皮，具有遮阳和削风功能，更加适合在调节室内热舒适环境、节能降耗的前提下满足遮阳、采光和通风的要求，因而更加受到设计师和居住者的青睐。这些措施更容易达到当地居住建筑节能设计标准，更加有利于节能减排和环境保护以及向可持续建筑迈进的共同目标的前进。

　　本书通过丰富的遮阳案例，介绍了在节能建筑的基础之上，采用不同的遮阳方式，在不同气候和建筑本体条件下，安全、耐候、方便地达到适宜的室内热环境的同时，解决了建筑遮阳问题。这些遮阳方式包括，建筑结构构件遮阳、退进式外窗遮阳、外窗整体结构构件遮阳、外挑屋檐遮阳、阳光间或连廊遮阳、混凝土结构镂空表皮遮阳、镂空金属全覆盖表皮遮阳、艺术格栅表皮遮阳、遮挡紫外线的 Low-E 玻璃与遮挡红外线玻纤织物结合的外窗设施有机结合的遮阳产品等等。

　　建筑遮阳一定要与建筑的初期构思和设计同步进行，建筑师经过对当地太阳高度角和日照因素的精心计算，使遮阳设施在夏季遮挡强烈的太阳辐射热，节约空调降温能源，获得理想的室内热舒适度；而在冬季，遮阳设施又不会遮挡太阳辐射热进入室内，可以免费获取更多的日照温度，为室内增温；品质优良的遮阳设施，可以满足遮阳设施抗风压、耐候性的要求，且方便居住者不必每天关注遮阳设施的收展或操作。结合外窗遮阳设施的发展方向，明显倾向于外窗与活动外遮阳设备一体化的发展趋势。仔细阅读此书，会从中得到启发，也可以理解到建筑师用建筑元素弥补气候条件的不足，获取满意的室内热舒适环境，达到节能建筑真正节能降耗目标的良苦用心和审美追求。

本书收集和推介国内外不同建筑气候下、不同国家和地区的居住建筑遮阳案例，旨在"抛砖引玉"。希望本书案例中昔日精品之"砖"，能够引出品质更加优秀之"玉"，我们期待建筑设计师们设计出更多优秀的节能建筑作品。

沈万夫及席靖雅工程师参与撰写本书的多篇文章，研究生白鸽同学为本书查找和收集了许多资料，增添了丰富的素材。江苏省住房和城乡建设厅科技发展中心、江苏省建筑设计研究院有限公司许锦峰总工、南京市建筑设计研究院张俊义副院长、上海名成建筑遮阳节能技术股份有限公司、南京二十六度建筑工程有限公司等也对本书的出版提供了大力支持。在此一并表示衷心感谢！

在本书姊妹篇《建筑遮阳案例集锦——公共建筑篇》中，案例1.12"新加坡的滨海艺术中心"一文中图1由卢求先生提供，由于疏忽，未标明图片提供者姓名，在此特别说明。

2015 年 6 月 6 日

目　录

1　低矮建筑遮阳案例

2 多层建筑遮阳案例

3 高层和超高层建筑遮阳案例

1

低矮建筑遮阳案例

1.1　上海市的佘山中凯曼茶园别墅

摄影：李小多

　　佘山中凯曼茶园别墅位于上海市郊的佘山工业区，2010 年竣工。这里主要介绍小区内阳台、餐厅和车库的户外遮阳设施。

　　佘山中凯曼茶园别墅是高档住宅小区，别墅建筑的阳台、餐厅及车库均被设计为露天屋顶，为使这些功能性区域适应于全天候的天气状况，设计师对这些露天屋顶进行了精心设计。设计的宗旨是针对露天状态的空间能够全天候使用。设计采用了以起到遮阳效果为主的、抗风能力强、防飘、避雨的户外翻板式智能化控制设施，将露天屋顶建造成晴天遮阳、雨天不漏的可开启式活动屋顶。

　　遮阳挡雨活动屋顶的技术关键在于对遮阳翻板闭合密封的高标准要求。在雨天，不允许雨水对屋顶之下的任何人员活动和物品造成损失，同时，不能让雨水进入室内。因此，遮阳翻板设计时，在充分考虑了满足遮阳、隔热、调光、防风等基本使用要求基础上，还设计了独特的排水系统。智能化控制设施使活动翻板屋面的操作安全顺畅、方便省力，根据需要，可以随时调节活动屋面的采光、通风角度，受到业主青睐。

　　建筑建成后的使用说明，在上海地区夏季遮阳以及中等强度以上大雨的条件下，遮阳挡雨活动屋顶可以对遮阳具有立竿见影的效果；在雨天，屋顶不漏雨且排水顺畅。遮阳活动屋顶扩大了户外功能空间的同时，也对室内热舒适度起到积极的作用和影响，值得在夏热冬冷地区推广使用。

1	
2	3
4	5

1.2 江苏省苏州市的中海世家别墅小区

摄影：韩 伟

中海世家别墅小区坐落在苏州市郊的金鸡湖畔，小区东临金鸡湖，西临中央湿地公园，与李公堤隔湖相望，总占地约 6.4hm²，总建筑面积 6 万 m²。由苏州市原构设计院设计，2010 年竣工。

中海世家住宅建筑为联排式别墅，本着节地、节材的原则，建筑按照当地最新建筑节能标准设计、建造，并在建筑规划初期就考虑了建筑遮阳设施。

联排式别墅建筑南立面的外窗外侧安装了与外窗附和为一体的活动金属百叶帘。百叶帘整体暗装于外窗套内，不论伸展或收回帘体，均不会在外观上对建筑立面的美观造成影响。百叶帘采用了 CR80 型铝合金，并选用乳白色作为帘片外观颜色，洁净大方。由于是高档别墅建筑，遮阳帘选用了国产一流的电机和手拉装置结合的驱动系统，可在对遮阳帘进行操作时，做到简单方便，无噪声干扰。

建筑采用了保温隔热材料与砖石装饰面层结合的节能墙体，并配以附和了活动外遮阳百叶帘的大开窗，同时满足了保温隔热—采光—通风—遮阳—保护隐私和防盗几种功能。争取做到别墅建筑外在风格、室内热舒适环境与节能环保等几方面有机结合的完美体现。

1	
2	4
3	5

1.3 江苏省镇江市的科苑华庭别墅群

摄影：李　明

　　科苑华庭别墅为高档建筑群，主要由花园洋房、双拼别墅、联排别墅组成，建筑均为框架结构。小区占地面积 7.8hm²，总建筑面积 9 万 m²，遮阳总面积 0.5 万 m²。小区建筑由南京市民用建筑设计院设计，2011 年竣工。

　　由于是新建建筑群，小区内不同的建筑形式做到了几个"同步"：节能建筑理念与建筑设计同步；不同的建筑单体设计与不同外形的外窗遮阳设计同步；节能外墙的保温隔热与外墙装饰同步；外窗安装与活动外遮阳附和体安装同步。这几个同步，使建筑群在节能降耗、建筑群外观整体协调、建筑立面色彩与外窗及遮阳设施色彩一致、理想的室内热舒适环境等方面，均达到了最佳配置和目标要求。

　　建筑物在规划时就考虑使用与嵌装式活动外遮阳百叶卷帘附和外窗。建筑设计时，在外窗框架梁上预留出外遮阳附和体的嵌装位置。建筑施工阶段，遮阳卷帘的铝合金罩壳与外墙面平齐，对建筑立面的美观不会有任何影响，并经接缝特殊处理、表面特殊处理后，与墙面同时喷涂涂料，使二者在色彩和花纹达到高度统一。活动外遮阳附和体选用了最佳配置方案：卷帘百叶片采用进口铝合金涂漆材料卷带和进口百叶片，强度高、重量轻、弹性模量大，且抗风能力强、遮阳效果好；驱动系统选用了体积小、重量轻、驱动能力强的进口电机以及强度高、耐候性强、抗 UV 性能优的进口传动 – 导向系统；并配备电子行程限位开关、电子极限限位开关、温度保护开关，能有效保护电动机正常、安全运行。

　　科苑华庭别墅群户型结构多样，外窗结构型式众多，有阳台大面积窗、拐角窗、凸窗、多联窗等，为有利于活动外遮阳附和体的使用，小区内建筑全部采用内开窗，并相应采用了分解窗帘技术、拐角同步传动技术、一拖多同步传动等技术措施，做到了全部建筑采用活动外遮阳附和体设施，达到了最新建筑节能设计标准要求，降低了夏季制冷能耗，获得了良好的室内舒适度和通风换气环境，值得提倡。

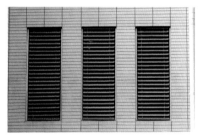
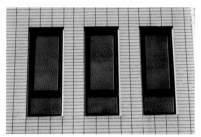

1	2
3	4
5	6

1.4 江苏省苏州市的岚山别墅

摄影：韩 伟

岚山别墅位于江苏省苏州市木渎镇灵岩山核心别墅区，由东吴设计研究院设计。别墅区规划面积 18hm^2，建筑面积 12 万 m^2，外遮阳面积 8000m^2。

岚山别墅为低矮的联排式建筑，在建筑项目设计阶段就将外遮阳规划纳入方案。建成后的东、西立面和南立面，采用了外窗与铝合金活动外百叶帘结合的附和式节能窗体。遮阳设施采用了 CR80 型铝合金百叶帘 + 高质驱动系统定制 + 进口帘片的高质量配置，嵌装方式安装，结构安全可靠，抗风能力强，遮阳性能良好，节能效果显著。

岚山别墅建筑采用的节能墙体材料与石材装饰结合，既有利于保持室内热舒适环境，又节能降耗，也使别墅建筑与木渎镇古朴的古老建筑在风格上保持了高度的一致，简洁美观。建筑东、西向立面的外窗，均被设计为小型窗，在满足室内采光和通风条件下，更有利于降低夏季早上和下午的太阳辐射热进入室内，减少了空调制冷能耗。

以嵌装方式安装的活动外遮阳设施在收起时隐蔽在外立面装饰石材内侧，方便冬季接受太阳得热为建筑室内增温，且对建筑风格不会有负面影响；而在需要时，可以展开遮阳帘，为建筑起到遮阳和保护隐私的作用，并辅助保温隔热。

1	2
3	4
5	

1.5 中国台湾省新竹县的某售楼中心住房样板间

摄影：Courtesy of Lab Modus

此售楼中心住房样板间位于中国台湾省的新竹县，由建筑师 Lab Modus 和他的项目团队完成。项目面积 660m²，2011 年竣工。

建筑师用两个矩形穿插在一起的几何形状进行造型，实现了售楼中心办公与住房样板间的结合，创造出时间与空间的无限畅想。并用玻璃透明体构建了建筑内部商业氛围与住宅样板环境相互衔接的对话关系。

由于新竹县地处亚热带，没有冬季寒风的侵袭，又考虑到是临时建筑，因此，样板间采用了玻璃幕墙围护结构形式，并且在建筑西侧的立面采用了节能镀膜玻璃以阻挡下午的阳光西照。为克服气候变换给样板间造成的室内温度升高，设计师为建筑"穿"上了镂空的金属外罩：采用巨大的几何形状造型的钢质桁架结构，为建筑本体和室内外空间，同时设置了通风效果良好的、固定式遮阳格栅。室内则采用半透明可调式室内活动遮阳帘。这些措施的采用，为建筑起到了遮阳—通风的作用，模拟了真实住房室内热舒适环境，建筑不必使用能源，就达到了理想的舒适度，做到了节能减排，也给购房者留下了良好的印象。

建筑独特的镂空外罩采用金属管材制作，炽热的阳光只有经过多次、繁复的反射和折射的穿越，才能够到达样板间的玻璃幕墙表面，经过多次穿越的阳光，已经削减掉阳光中大量的红外热，不会给室内造成过热的室温提高，相反，到达了室内的"过滤"后的自然光，已满足了采光要求。镂空金属外罩还对玻璃幕墙起到保护作用。镂空金属外罩的采用，节能环保，遮阳降温，满足采光，克服炫光，是值得称赞的、一举多得的巧妙构思。

样板间室内采用的还是遮阳帘，无论冬夏，都是调节内部光热环境的又一有效措施。

1	2
3	4

1.6 印度班加罗尔的 Wilson 花园洋房

摄影：Anand Jaju

    Wilson 花园洋房坐落在印度卡纳塔克邦的班加罗尔，因为与威尔森花园（Wilson Garden）毗邻而得名。Wilson 花园洋房建筑面积 650m²，是一座带有泳池、SPA、家庭影院、地下室和车库的"娱乐式"住宅建筑。由 Architecture Paradigm 建筑师设计事务所的 Sandeep J, Vimal Jain, Manoj Ladhad, Savitha 设计团队完成设计。2011 年建成。

    威尔森花园茂密的参天大树成为 Wilson 花园洋房的天然遮阳屏障，有些大树的繁茂枝叶直接伸展到洋房上方，将洋房"关照"在它们的阴影中，为洋房遮阳、挡风、避雨。

    在绿荫下的洋房也用她不凡的气质，体现出建筑师设计可持续发展建筑的理念：

    建筑师选用了当地盛产的轻质岩石作为建筑外墙的主要建筑材料。这种岩石质量轻，内部有自然形成的孔洞，起到节能墙体的作用。岩石墙体保温隔热效果好，耐候性和耐腐蚀效果突出，没有污染问题，运输方便，造价便宜，是可持续建筑的极佳材料；

    建筑师将 Wilson 花园洋房向阳的南立面设计为玻璃幕墙与纵向结构构件的组合体。玻璃幕墙在立面的中间部位，便于采光。由于有高大的落叶植物的遮挡，避免了炫光和炙热的太阳辐射进入室内；冬季到来，当树叶落去，温暖的阳光照进室内，为室内增温。两个混凝土纵向格栅结构构件，分别设置在玻璃幕墙左右两端的玻璃结构立面外侧，担负起遮阳和引导自然风进入室内的作用。混凝土构件与室外落叶植物结合，遮阳效果更加显著；

    Wilson 花园洋房背阳的北侧一层，设计了一个南北通透的、带有采光顶的宽大的起居室，自然风可以穿堂而过，实现了不使用空调制冷就能够得到良好的室内舒适度的要求。起居室上方的采光顶周边留有通风空间，由于"烟囱效应"的作用，自然风在穿过起居室的同时，可以直接达到以上几层的室内空间，为楼上的居室送去凉风，形成循环往复的通风效果；起居室内还有一个带有地灯的水生动植物池，除了其观赏效果，还具有给起居室调节温度和湿度的作用。卧室和厨房间均被设置在洋房的东、西两侧，在起居室采光顶的东、西两侧排开。起居室的采光顶也为二层居室提供了自然光源；由于是私家洋房，建筑四周都留有足够的庭院空间，庭院四周种植了高大的落叶植物和茂密的灌木，有利地遮挡了来自各个方向炙热的阳光照射，庭院内和住宅中，有了这些植物提供的天然屏障，风雨阳光和四季变换的季节温差，对建筑内部温度的影响达到最小。用在建筑制冷和采暖的能源也达到最低，达到了可持续发展建筑的标准要求。

    大树掩映、鲜花簇拥中的 Wilson 花园洋房，因其可持续发展理念和郁郁葱葱的生态环境，受到周遭人们的青睐。

1	2
3	
4	5	6

1.7　日本京都的 Muko 住宅

摄影：Toshiyuki Yano

　　这幢奇特住宅位于日本京都的 Muko，由 Fujiwarramuro Architects 设计，项目建筑师为 Yoshio Muro 和 Shintaro Fujiwara，建筑面积 100.29m^2。

　　此住宅的独特之处在于，建筑师顺应扇面形地形和占地面积的限制，因势利导地设计出最大面积利用率的居住建筑，使业主拥有足够居住的室内面积，并将住宅建造成节能建筑，获得了室内热舒适环境，降低了能耗支出。

　　在建筑外墙的设计和构造方面，更加突出体现出建筑师的智慧和才华：建筑师采用了竖向混凝土板材逐一退进的固定百叶板式结构造型，将扇面形建筑立面打造成采光充足并兼具遮阳的良好外墙结构体。竖向外墙百叶板与玻璃材质相间退进的造型，非常有利采光，竖向外墙板是折射太阳光的理想措施，增强了室内采光效果。当然，建筑设计初始的节能目标与遮阳设施结合的理念是基础设计原则。经过计算，突出于玻璃外墙面的混凝土墙板，同时又是遮阳板，玻璃外立面达到室内采光要求，而混凝土百叶板为建筑遮阳。

　　白天，太阳光可以通过外墙的玻璃结构照射进室内，室内光线充足，并且没有炫光进入；夜晚，建筑内部的照明设备带给外界奇幻的灯光效果。竖向混凝土板材的设置角度，有利于遮挡建筑内部不被"曝光"，当需要遮蔽时，可以使用室内活动窗帘。

　　卧室和其他功能性居室，则被安置在保温隔热效果更佳的混凝土实体墙构成的"扇骨"的位置。

　　建筑外围种植的树木，也是遮挡阳光和保护隐私的有力措施。在住宅内，一年当中的每一天都能够感受到太阳的运动，光影的变换也成为室内的精彩看点。

1.8 日本的镂空外套住宅

　　日本这座被命名为"House M"的住宅从某个角度看,房子像英文字母"M"的字形，因此得名。"House M"由 AE5 partners 建筑事务所设计。

　　"House M"的特征是它的镂空外套：建筑师为住宅向阳立面设计了玻璃钢材料的镂空网格表皮，这层镂空"外套"兼顾了遮阳、克服炫光、通风、保护私密性和装饰等几种功能。为保持建筑内外装饰风格的一致性，在建筑的室内空间，建筑师也采用了玻璃钢材料作为空间隔断，与外立面的镂空结构形成呼应效果，尤其是用于阁楼的阅读室与其下部空间起居室的隔断，使阅读室的采光充足、通风良好、环境温度和谐。

　　为节约冬季采暖用能耗并抵御冬季的寒风，建筑的背阴面全部用厚实的木制密封条板包裹。木材在日本是有计划种植和采伐使用的环保材料。建筑的背阴面的外窗设置了极小的外窗，可以抵御冬季的寒风侵袭，并仅供采光使用；设置在这一侧的户门被设计成凹进的入口，这样的设计，便于挡风避雨，人员从这里出入或短暂停留，将不受天气和气候条件的影响。

1.9 日本横滨的 Celluloid Jam 住宅

摄影：Toshihiro Sobajima

　　这座象牙白色的、如细胞形状的欢欣独居小屋被称为"Celluloid Jam 住宅"。"Celluloid Jam"坐落在日本神奈川县横滨的一片住宅群落中，建筑面积 80.3m²。由建筑师 N MAEDA ATELIER 完成设计，总建筑师为 Norisada Maeda。

　　Celluloid Jam 住宅的独特之处在于它不同凡响的建筑外表面：建筑外形用玻璃钢筑造成"莫比乌斯环"形状（莫比乌斯环是对形状为阿拉伯数字 8 的带条进行扭曲和翻转所形成的拓扑结构），玻璃钢造型中填充了保温隔热材料，达到当地节能设计标准要求。由于是预制铸造结构，接缝处理严谨，如同在一个模具中浇注完成。

　　建筑材料的材质与象牙白色彩，共同打造出建筑保温隔热的住宅围护结构的优越性。夏季，白色的"外罩"可以将大量的太阳辐射热反射出去，并将部分光亮折射进室内，为室内增加亮度，减少人工照明用能，也降低了室内制冷用能。建筑南侧选择了大面积落地窗，而 Low-E 玻璃的采用，在保证开阔视野的前提下，有效地避免了炫光进入室内。精确计算后设计，凸出的屋檐与凹进的外窗相结合，营造出"与生俱来"的遮阳设施结构，恰到好处地为建筑遮阳、导风。平滑旋转的建筑外形，有利于汇集和引导夏季的季风进入室内，为居住者送去清凉。建筑表皮平整光滑，纳米涂料使表皮的自洁性良好。室外周边环境中的落叶树木是夏季遮阳的屏障，也是天然的湿润"氧吧"；冬季，当树木落叶后，阳光照进住宅，可以为室内增温。建筑北侧仅仅开设了极小的采光窗，有效地避开了冬季凛冽寒风的侵袭。

　　建筑的另一特色，是住宅内外的建筑材料基本一致，玻璃钢材料为室内筑造出线条圆润的室内墙壁、顶棚和地板，象牙白基色，其光学效果使人虽处狭小的房间，也与在宽敞的大宅感同身受。建筑室内外统一的材质节省了建筑材料搬运、砌筑、抹灰、装饰等等多个繁复的环节，保证了建筑质量，降低了造价，提升了施工进度。

	1	
2	3	4

1.10 韩国的某节能改造住宅

韩国这座名为 Namhae 的节能改造住宅,由韩国知名建筑师 JeongHoon Lee 设计。建筑位于一座丘陵边的乡间环境中,在翻新改建时,以节能理念和技术为主线,使建筑成为低能耗建筑,焕发出新的魅力。

改造后住宅突出的节能特色是在建筑向阳面外侧增加了巨大的弧形钢质网状"屏风"结构系统,钢网结构由东向西以弧型延展方式向外展开,呈现出奇异壮观的屏风形状。巨大的钢网与住宅建筑本体留有一定距离,这个距离恰好构成了室外连廊。在网状屏风上开设有外门和便于冬季让阳光照射进室内的"采暖窗"。巨大的网状屏风在夏季对建筑本体起到遮阳和克服眩光的作用,又让自然风和部分太阳光进入屏风后的连廊并直达室内,钢网的排列构成尤其起到引风入室的作用;而冬季,并不影响温暖的阳光照射入室,为室内增温。

改造工程的另一个项目是在建筑向阳面增设了一个宽敞的入口露台,这个露台使建筑与地面有了一个缓冲地带,扩大了室外活动面积,也使居住者更少地受到地面温度变化的影响。节能改造后的建筑,拥有了适宜的室内热舒适环境,在遮阳、克服炫光、采光和通风等方面做到了尽量不用能源或少用能源。是理想的节能环保住宅。

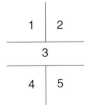

1.11 土耳其博德鲁姆的 Hebil −157 别墅

摄影：Courtesy of Aytac Architects

Hebil 别墅群位于土耳其的博德鲁姆，由五座独立的别墅组成，Aytac Architects 建筑师事务所承担了别墅群的设计。项目面积 4791.0m²，2012 年竣工。

经过设计师的精心安排，别墅群恰似附近 Kos 火山结晶熔岩流的凝固形态，分布在依山傍海的坡地上。每一座别墅都可以将幽雅宁静 Hebil 湾的全景尽收眼底，同时共享爱琴海独特的景观和地中海轻柔的微风。

这里仅以其中的 Hebil−157 别墅来作介绍。

涡流状别墅建筑面对海景的立面采用了大面积玻璃幕墙结构，并采用夸张的外壳作为围护结构的其余部分。外张的环形壳体最实惠的作用是对玻璃幕墙表面起到保护作用，同时，经过计算的环形外壳出挑宽度，在夏季，从上方和东西两侧为建筑的南立面遮阳、挡雨，并引导海风进入室内。别墅建筑玻璃幕墙采用了 Low−E 玻璃，避免了紫外线和炫光进入室内；而冬季，可以让更多的阳光照射进室内，为室内增温，人们在室内，也可沐浴温暖的阳光。充分利用自然环境的有利条件，为建筑群创造"天然"的局地气候，是节能的良好措施。采用当地丰富的火山玄武岩石材建造别墅，是物尽其用节能环保的良好理念。

由于别墅群所处的地理优势，每一幢建筑都依山面水。建筑群背后的山丘阻挡了冬季的冷风，使别墅群的小气候相对温暖；而夏季，海风从海面迎向别墅群徐徐吹来，为别墅环境带去清凉。自然天成的环境条件配以节能环保的低能耗建筑群，使 Hebil 别墅群成为当地人们心向往之的冬暖夏凉的理想居住佳境。

1	
2	3
4	5

1.12　德国威斯巴登的改扩建住宅

摄影：Thomas Herrmann & Stuttgart

此住宅位于德国的威斯巴登，是一个对 1960 年代旧房进行改扩建的项目。旧房由建筑师 wilfried hilger 设计；改扩建项目由德国 christ.christ associated architects 建筑师事务所的设计师 roger christ 设计。建筑面积 873m²，使用面积 452m²。2011 年竣工。

改扩建项目在既有住宅屋面上加建了三个独立的"盒子式建筑"作为新的住宅，这种盒子建筑是预制模数构件，结构简单，便于搬运和施工。三个独立的"方盒"之间由一个玻璃廊道连接。改建后的住宅二层，形成了一个模拟自然环境且多功能的露天平台，居室之外，种有松树、苹果树、玉兰花和草地，还有一个铺满碎石的露台庭院。

为克服强烈的太阳辐射，盒子住宅的向阳立面外设置了遮阳连廊，连廊成为室内与室外的过渡地带，也使室内外温差在这个区域得到调整和缓解；夏季，连廊有利于遮阳、防晒；冬季是温暖的太阳房。二层种植的绿色植物有效地调节了这个空间的温度和湿度，并提供充足的新鲜空气，同时为下一层建筑空间起到保温隔热和遮阳的作用。

白色的建筑在炎热季节起到反射太阳热辐射的作用。一层室内空间向内缩进，宽大的一层屋面成为户外活动区域的遮阳屏障，也避免了一层室内被太阳曝晒。导风、避雨也是其功能所在。

$\dfrac{1}{2}$
$\overline{3}$

1.13 法国波尔多的学生宿舍

摄影：Stéphane Chalmeau

这座学生宿舍位于法国波尔多地区的 Cenon，由法国建筑师 Lanoire 和 Courrian 设计。

建筑为一幢造型简单的三层节能建筑，建筑外墙设计时采用了铝合金装饰板复合保温一体化技术。铝合金板选用了带有纵向凹凸条纹的、浅灰亚光色装饰板，这种色彩既对强烈的太阳辐射有反射作用，又不会产生刺眼的炫光。且自洁性良好。

建筑造型虽然简洁明快，但规则排列、造型却不规则的外窗，是这座建筑的特色。外窗采用与活动外遮阳一体化的节能窗，折叠式金属外遮阳帘给人的印象深刻。地处西欧的法国，四季气候宜人，尽管是在相对炎热的夏季，若采取了恰当的遮阳措施，室内不必安设空调也会有理想的热舒适环境。外遮阳折叠帘与内遮阳帘的配合，为学生公寓创造了理想的居住空间。居住者可以根据需要，掌控内、外遮阳折叠帘的开启幅度，即可获得合适的室内采光。

建筑附近的自行车停放处采用聚碳酸酯材料作为顶篷，采光良好，并具备遮阳避雨挡风条件。

1	
2	3
4	

1.14　法国巴黎的 Logements 住宅

摄影：Courtesy of RMDM Architectes

　　Logements 住宅位于法国巴黎的 5,9 Impasse Dupuy，建筑面积 780m²。由 RMDM Architectes 建筑师设计事务所设计。2012 年竣工。

　　Logements 住宅是围绕一幢既有建筑，呈 U 形造型的新建建筑。由于建筑的东立面是主要立面，且占了建筑的较大比例，因此，对于东侧立面的设计，就成为 Logements 住宅建筑的设计重点。Logements 住宅建成后，住宅建筑理想的室内热舒适环境和建筑东侧立面的独特构思，突出了建筑师可持续发展的设计理念，得到了住户的好评。

　　Logements 住宅建筑的东向立面，被设计为玻璃幕墙与细密的铝合金穿孔板表皮结合的结构体系。铝合金穿孔板表皮采用了深灰—白—浅灰的颜色，既可以反射太阳的强光辐射，也不会对周边建筑或行人产生光污染。安设在外窗外侧的金属穿孔板，是提拉式开启 / 关闭的外窗窗扇，可以随意开启 / 关闭，以满足居住者与自然接触和引风入室的需求。当把所有窗口外侧的金属穿孔板外窗扇打开，可以在窗口得到最大限度的自然光照射和最大的通风 / 换气需求。金属穿孔板表皮耐候性强，不易被腐蚀或污染，为建筑提供了满意的遮阳、克服炫光和通风的方便条件，是建筑节能的有效措施。金属穿孔板表皮与玻璃幕墙之间留有合适的距离，在这个空间形成的空气层对建筑室内起到保温隔热作用，是建筑节能的另一有效措施。由于 Logements 住宅沿街而建，街道旁高大的落叶树木，夏季为建筑遮阳；冬季，树木叶落，不会影响建筑得到温暖阳光的照射。

　　金属穿孔板表皮与玻璃幕墙结合，不会对室内采光造成影响，同时，也对保护隐私起到良好的作用；从室内望向外面，视野没有障碍，而从室外向室内张望，有细密的金属穿孔板表皮保护，无法看到室内情景。

　　建筑其余立面的外墙，则采用了保温隔热的节能墙体，其热工系数达到节能建筑要求。这些墙体上的外窗，被设计为仅供采光的小型窗，并采用了外窗与活动外遮阳结合的窗体结构，为保证室内拥有良好的热舒适环境提供了保障。

　　在 Logements 住宅建筑的屋面，安装了太阳能光伏电池板，利用清洁的、可再生的能源，为用户提供生活热水能源，是此建筑又一有效的节能措施。

1	2
3	
4	5

1.15 法国里昂的经济型公寓住宅

摄影：Brice Robert

这座位于法国里昂的经济型公寓住宅，由 Y. Architectes 设计所的设计师 Yann Fontaine, Yann Drossart 和 Corinne Drossart 共同完成设计。建筑面积 460m²，2011 年竣工。

由于是经济型公寓住宅，又要达到当地的节能标准，并且考虑到住宅适合刚刚参加工作收入相对较低的单身人员使用。因此，设计师将外窗设计得相对窄小，不必过多地担心白天的室内采光，并采用了外窗与活动外遮阳卷帘一体化设施。建筑的东西山墙也设计了仅供采光和通风的极小窗口，有利于冬夏两季的保温隔热需求。

为解决不使用外遮阳设施时的遮阳、采光和通风问题，建筑师还设计了金属网格格栅作为固定透光遮阳设施，经过对太阳高度角的精确计算，选用了极小目数的固定式格栅，为建筑背街一侧向阳面的外窗和户外晒台遮阳，并辅助克服炫光进入室内。

如此设计，在不必支付遮阳、通风的能源费用前提下，能够得到理想的室内热舒适环境。节约能源，保护环境。这座经济型公寓住宅，以建筑面积小而节能技术和设备齐全著称。

1	
2	3
4	5

1.16 法国特鲁瓦的某校园学生公寓

摄影：Guilhem-Ducléon, JM Hoyet

　　这所学生公寓是位于法国特鲁瓦某校园内的 44 学生公寓，由于建筑是由 44 个公寓住宅单元组成，因此而得名。此 44 学生公寓建筑为节能改造项目，建筑面积 1600m²，由 Colomès + Nomdedeu Architectes 设计。2009 年竣工。

　　44 学生公寓由 4 个单独三层的建筑体量组成，并通过系列廊道与庭院的公共空间相连接。节能改造时，建筑在原有基础上，保留了以往的结构布局。但由于建筑三面临街，对面是现代艺术博物馆及 Comtes de Champagne 的新校区，因此，经过节能改造的公寓住宅在外立面风格上也呼应了原有木框架的建筑风格，并在建筑节能方面有所突破和创新。

　　建筑风格的独到之处在于，4 幢建筑在临街一侧的混凝土主体立面外侧，全部加设了木质表皮包裹，表皮之外还设置了纵向隔板式格栅。这种建筑风格的表皮，恰恰就是节能建筑的技巧所在：经过对太阳高度角的计算，木质隔板式纵向格栅间距 50cm，从防水立面伸出 45cm，结合从屋面四周延伸出 50cm 的坡屋檐，如此结构形式恰好可以在夏季遮挡大部分太阳辐射热进入室内，又不影响建筑的冬季太阳照射为室内增温。这些固定外遮阳构件，不需要在后期另外加设遮阳设施，保证了遮阳构件的安全性，缓解了直射的炫光进入室内，节能改造效果突出。

　　古朴的木质表皮，在与周遭建筑风格呼应的同时，又是保温隔热的极好介质，无论冬夏，木质结构都不会给人难以接近的触感和质感，排排"站立"的木质格栅，还可以轻松导引自然风进入室内。仅采用木质格栅一项，就可节约夏季空调能源同时获得舒适的室内温度环境。

　　改造工程所用木材是当地盛产和有计划种植的天然植物，经过防水、防虫蛀处理，节能环保，值得提倡。

1			
2			
3	4	5	6

1.17 奥地利维也纳的 31 号老年公寓

摄影：Courtesy of SUPERBLOCK ZT GmbH

31 号老年公寓位于奥地利维也纳的 Neuwaldegger 大街 31 号，建筑面积 840m^2，由建筑师 Superblock ZT GmbH 设计，2010 年竣工。

四层的公寓建筑，采用了保温隔热性能良好的与装饰面层一体化的节能墙体，其立面连续构筑至坡屋面，大开窗并采用屋面的斜窗，采光极好。为克服炫光，玻璃窗采用了 Low-E 玻璃。立面上淡色折叠刻纹全覆盖铝板，从屋脊到地面，如同"鱼鳞"一般。

由于公寓里住的是老年人，因此，在建筑内部采用了开放式空间概念，集办公与公共活动空间为一体，室内宽敞通达，便于工作人员关照老年人的各种活动。

为避免老年人走错房门，公寓内所有房间和房间门均彼此错开，便于辨认。居室面对室外和走廊的墙壁都安设了落地玻璃窗，这种设计从根本上突破了四面都是实体墙的传统立方体方案。公共空间与居室相隔的内墙上均设置有宽大的玻璃窗，便于采光和观察居室内老年人的活动状况。建筑内部每一个角落都采光良好，半透明材质的室内楼梯每层阶梯均安装了照明装置，方便老年人走动。

建筑的北立面正对着车水马龙的街道，因此，露台被设置在建筑北面，方便老年人观赏街景和公寓内部人员交流。建筑北立面外挑的横向构件，构成了遮阳设施，为下一层建筑空间遮阳挡雨。露台之间的隔墙，既提供了隐私空间，也起到遮阳作用；建筑南侧毗邻维也纳森林，在室内就可以欣赏到纯天然美景。

1		
2		
3	4	5

1.18 奥地利的某老年公寓

摄影：Angelo Kaunat

　　这座老年人公寓和社区活动中心位于奥地利 Altenmarkt 的 Land Salzburg，建筑面积 5100m²，由 Kadawittfeld 建筑师事务所设计。2007 年竣工。

　　老年公寓和社区活动中心建筑沿着东西向轴线排列，是两座独立的建筑，由两座建筑之间的庭院相连。当地居民与公寓内居住的老年人一样，可以欢享社区活动中心的各项活动，并在庭院里闲庭信步。公寓中的老年人可以在公寓护理人员的监护下，在社区活动中心和庭院内活动。

　　老年公寓是节能建筑，除墙体和屋面均按照当地节能设计标准设计执行外，公寓外窗是节能建筑的另一亮点。公寓向阳面的外窗匠心独具：外窗被设计为便于轻松推拉的、整体移动的"盒子"并采用了 Low-E 中空玻璃窗。Low-E 中空玻璃具有良好的保温隔热性能，并且克服炫光进入室内。"盒子"窗四周设置有较宽的边框，经过计算的边框宽度有利于遮阳、防晒。当需要通风时，将"盒子"窗沿导轨轻松推移，再打开专用的通风窗板，即可让自然风进入室内。通风板开启的幅度，控制了通风量的大小，可在室内随意控制。当"盒子"窗关闭，"盒子"窗的边框将外窗洞口完全覆盖，封闭性能良好，节能效果极佳。

　　公寓楼背阳面的墙体采用了铝板 – 聚酯一体化保温系统，热工性能良好。在此立面设计了小窗，满足采光需要，并为冬暖夏凉的室内热舒适环境提供了保障，大幅度降低了建筑能耗。

1		
2	3	4

1.19 荷兰 Rhenen 的戴思别墅

戴思别墅位于荷兰的 Rhenen 山脚下，由于是戴思夫妇的私人别墅，因此命名。

以建造可持续发展建筑与能源的高效利用为宗旨的保罗·德·瑞特建筑设计事务所（Architectenbureau Paul de Ruiter b.v.）与 65 岁的戴思夫妇进行了深入沟通，建造完成了适宜老年人居住且节能环保、造价和运行费用低廉的宜居建筑，建筑面积 344m²，2002 年竣工。

戴思别墅是一座既有建筑改建工程，设计师和建造工人共同努力对一座旧时的马厩进行了重新设计和节能改建。别墅坐北朝南，建筑北立面采用了混凝土结构并在外侧装饰了固定式全覆盖格栅，细密的格栅有利于建筑的保温隔热。混凝土墙体上仅设置了少数小型外窗以满足北侧采光和对外观景之用；建筑的东、西立面和屋面均为混凝土构造，实体墙有利于保温隔热；在建筑南立面采用了玻璃幕墙结构，玻璃幕墙外侧设置了全覆盖并可上下折叠的活动百叶窗扇，窗扇采用金属框架配与木质百叶的结构方式，并选用高质量五金构件作为活动关节构件，保证了百叶窗扇的灵活性和耐久性。

建筑南立面的折叠式活动百叶窗扇是玻璃幕墙的保护层，避免了炫光也保护了室内人员的私密性。同时，百叶窗扇为建筑遮阳，且不妨碍室内采光和对外观景。遮阳百叶窗扇可以轻松地沿着滑道，随意进行不同幅度的上下折叠。当百叶窗扇进行钝角折叠时，可以在遮阳的同时疏导自然风进入室内；当百叶以锐角方式折叠，就构成了悬挑式遮阳板，在开阔了视野的同时，为室内和室外均起到更大面积的遮阳作用。设计师对百叶窗扇的设置进行了严格的计算，在夏季，无论百叶窗扇保持原状还是折叠状态，都可以最大限度地解决遮阳问题，有效地降低了室内温度。当打开推拉式玻幕墙扇，将百叶窗扇全部放下，自然风可以穿堂入室，营造出遮阳通风的凉爽空间；而在冬季，百叶窗扇不影响室内最大限度地得到太阳辐射，为室内增温。折叠式活动百叶窗扇是戴思别墅运行低廉的、突出的节能措施。

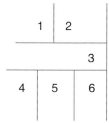

1	2	
		3
4	5	6

1.20 荷兰的 Elandsstraat 住宅群

Elandsstraat 住宅群位于荷兰阿姆斯特丹的 Jordaan 区，是当地的一个节能改造项目。

Elandsstraat 住宅群围绕着一所公共庭院，庭院周围大多数住宅被保留下来并进行了节能改造；另有 6 套住宅是新建节能住宅，由荷兰 Bastiaan Jongerius 建筑事务设计。不论是节能改造或新建住宅，均被设计为统一的建筑风格，保留了土黄色砖墙和宽大的法式落地木窗。在共同分享的庭院中，居民可以欣赏院落中古朴的建筑和享受怡然的幽静。

Elandsstraat 住宅群的特点在于：所有建筑都安设了纵向木质板材为主流的固定遮阳板，并且，遮阳板质地、尺寸和颜色高度统一。经过精心设计和计算，在建筑的不同位置，还安设了不同方向排列和间距的遮阳板，以求达到夏季遮阳和避免炫光以及冬季日照增温的目的。外窗外侧设置竖向遮阳板，建筑入口处或阳台上方设置外挑式遮阳挡板，采用内遮阳帘等等措施，满足了当地最新节能设计标准，在保证室内热舒适环境的前提下，采光和通风效果良好，为居民节省了大量能源开支。

1		
2	3	
4	5	6

1.21 荷兰鹿特丹的水上九户住宅

摄影：Jeroen Musch

　　水上九户住宅位于荷兰鹿特丹的堤坝旁，由 BLAUW 和 FARO 设计事务所的 Carin ter Beek 和 Roel Lichtenberg 完成设计。每户建筑面积 175m²，2011年竣工。

　　水上九户住宅由三组住宅群组成，依坝傍水。每一组住宅群为三个独立的、建筑外形与面积统一的单元住宅，独特的地理位置和独特的建筑风格，使这组建筑群成为当地的标志之一。

　　九户住宅中的每组住宅群由水面通道分开，湖面来风与水道通风形成住宅之间的自然通风环境，加之凸凹交错的建筑，十分有利于通风和遮阳的微气候形成。每个单体住宅均为二层建筑，住宅的一层为向内缩进的块体，之上的结构体采用了梯形造型，建筑外墙由上至下越来越厚，而外窗依旧是垂直设置。这样的造型，相当于在外窗的窗洞口两侧设置了遮阳构件，成为外窗的遮阳设施；二层楼逐渐增宽的外墙"下摆"，又成为一层室内外活动区域的遮阳设施。当阳光随着时间移动时，建筑单体的阴影便成为建筑之间相互遮阳的条件，扩大了人们在室外活动时的阴凉空间。

　　设计师将住宅的起居室设计成与户外露台直接相连的等高地面，这个高度的露台与湖面十分接近，可以直接将湖面湿润的微风引向露台和起居室，人们不论在露台还是居室，都可以免费享受来自湖面的清凉和温润，是别有风味的节能减排措施。

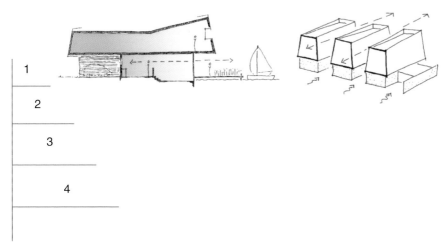

1

2

3

4

1.22 荷兰格罗宁根的某庭院住宅小区

摄影：BASE Photography

庭院住宅小区位于荷兰的格罗宁根小镇，由建筑师 Architectenlenlen 设计，2013 年竣工。

庭院住宅以低矮的联排建筑形式排列，建筑沿袭了传统荷兰建筑风格，并融入在相邻的住宅之中。庭院住宅在整体建筑风格上保持一致，并且采用了红砂石的暗红色为外立面装饰色彩，但在节能环保方面，单体建筑的细部又各有不同。

建筑采用了节能外墙，有利于住宅的保温隔热；排列整齐的、竖向窄长的外门窗，采用了与活动外遮阳一体化设施，十分有利于阻挡太阳热辐射进入室内；建筑向阳面外墙立面的退进设计与相对凸出的屋檐形成遮阳设施，退进部位采选白色，与遮阳设施结合，降低了太阳辐射对墙体的得热；有的住宅门庭也被设计为退进形式，起到遮阳挡雨作用；晒台采用通透的格栅式围挡，让自然风直接到达室内；一些建筑的门庭部位全部退进，上层结构为下面的门庭挡风、避雨、遮阳；还有一些建筑，在户间连接处采用了有顶过廊，满足了区域间通风的需求；住宅的坡屋顶采用了保温屋面和刚性屋面瓦，并与建筑立面的红砂石颜色保持了一致的色彩。节能理念体现在每一个细节。

小区建筑以十户为一组，呈"口"字型围合成小型院落。院落内外均种植了适宜当地生长的树木、灌木和鲜花。建筑师秉持创造"风景园林"的宗旨建起了一个新型的"花园村庄"小区，给人以典雅幽静的体验。

1		
2	3	4
5		6

1.23　西班牙的 30 套联排住宅

摄影：Pepo Segura

　　这里的 30 套公共住宅位于西班牙加泰罗尼亚的塔拉戈纳，由建筑师 Aguilera 和 Guerrero 设计，建筑面积 3230m²。

　　30 套住宅的建筑被设计为半椭圆形联体造型，这样的造型既符合了随地形条件设计的原则，同时也使这组小小的建筑群形成了自身独特的风格：既有利于防止地震的破坏，又使建筑群本身在造型上起到了自遮阳的作用。在造价相对低廉的条件下，营造出节能环保，居住舒适的可持续建筑。

　　设计师采用了厚重的、容重好的素色清水混凝土外墙，这是工业化和标准化的结构体系；采用外窗与活动外遮阳一体化的节能窗产品，在满足室内热舒适环境的前提下，满足采光、通风和遮阳的需求；30 套住宅建筑力求与当地临近的建筑保持了一致的建筑风格，又利用地势和建筑群造型做到了自遮阳，达到了最新建筑节能标准要求。

　　外窗 – 遮阳一体化的金属百叶帘体四周直接固定在外窗框中，不会产生由于震动或风雨等外来因素对遮阳帘造成的损坏和安全问题。居住者可根据自己的需要，在室内调节室外遮阳帘的收放，非常方便。相邻的墙体成为遮阳结构构件，有利于散热。在一定空间"韵律"下的、参差的楼梯间和太阳露台高大、宽畅、明亮，露台占用了两层通高的开敞高度，是带有顶棚的空间，并利用建筑本体相互遮挡的条件，方便居住者出入，有利于通风、纳凉、遮阳、避雨。

　　建筑屋顶安设有太阳能光伏装置，可以满足业主的生活热水需要，是节能的又一措施。

	1
	2
	3
4	

1.24 西班牙的一座节能环保住宅

　　这是一座坐落在西班牙的、充满节能环保理念的私家住宅。住宅的各个部分都体现出节能、节材，充分利用天然条件获取满意的室内热舒适环境条件的环保理念。

　　住宅建筑采用当地随处可见的玄武岩石作为北侧的墙体材料，有利于保温隔热和抵御冬季寒风的侵袭；采用当地盛产的木料作为结构和支撑构件；采用玻璃幕墙结构作为建筑南向立面、西向立面和屋面，并结合固定镀锌金属格栅作为表皮；采用铝合金活动百叶卷帘作为阳光间兼作起居室的东、南、西侧内遮阳设施；选用太阳能蓄热装置作为生活热水能源；选用风力发电设备为住宅提供能源。种种措施的选择和使用，在为业主降低了建筑造价和运行成本的同时，获得了理想的室内热舒适环境条件，体现出节能环保住宅的优越性。

　　玄武岩建筑使住宅完全融入周围的建筑风格当中。同时，住宅有岩石墙体的保护，设置在住宅北侧的卧室，可以拥有冬暖夏凉的室内温度。当地盛产的树木廉价、环保，不使用油漆的木质构件对环境和居住者都无害。阳光间兼起居室，是室内外环境以及温度的自然过渡区域。在炎热的夏季，室外镀锌金属格栅与室内活动百叶卷帘结合，削减了大量炙热的太阳热辐射进入室内；冬季，收回活动百叶帘，让阳光进入为室内增温。设置在坡屋面东侧的太阳能蓄热装置，占用了屋面 1/3 的面积，在为业主 24 小时提供生活热水能源的同时，也起到遮阳作用。风力发电设备更是节能环保的有效措施，满足了家庭用电，还将剩余电力输送到公共电网，折合的电量费用有效地降低了家庭费用开支。

　　节能环保住宅在能源方面自给自足，降低了碳排放量，省下的开支还可以用来提高生活质量，这种节能环保理念值得大力提倡。

1		
2		
3	4	5

1.25 葡萄牙的沙丘住宅

这座住宅位于葡萄牙的一片人工堆砌的沙丘之中，因此得名。沙丘住宅由 Pereira Miguel Arquitectos 设计，新颖的住宅外形和节能措施与"地利"相结合，使其成为当地独特的建筑。

人工堆砌的沙丘，将建筑的背阳面牢固地包裹起来，成为建筑的保温隔热层。不论冬夏，沙丘都可以为建筑免费平衡理想的室内热环境温度。建筑向阳的外立面由砂石、木材和玻璃等几种不同的建筑材料构筑而成，宽大的落地玻璃外窗上沿，外挑的屋檐是遮阳的极佳构件。落地窗外设置了木质的、与外窗同高的竖向折叠式活动遮阳板，遮阳板覆盖了 90% 以上的朝阳外立面，每两片遮阳板之间留有一定距离的缝隙。夏季，当遮阳板全部关闭，既起到遮阳作用，又不影响室内采光，并且可以根据需要，调节遮阳板对太阳辐射热的遮挡程度以及室内的采光需求；傍晚，遮阳板的折叠调节还可以引导自然风进入室内，有天然"空调"的作用。夜晚，关闭遮阳板，可对室内起到保护隐私和保温作用。冬季白天，将遮阳板全部打开，阳光可以畅通无阻地进入室内，给人们带来温暖。落地窗上方的屋檐已经起到了克服眩光的作用，室内暖意融融，且没有炫光的影响。

为调节住宅周围的温湿度，在建筑向阳面附近设置了一个泳池，泳池可供游泳，也润泽了建筑周围的空气，并起到调节温度的作用。人工的湖光山色和池水光影交替变换，可以让人们酝酿出好心情。

1	2
3
4	5

1.26 波兰的联排住宅

摄影：Schleifer & Milczanowski Architekci

位于波兰格但斯克的 ul. Moniuszki 联排别墅是既有建筑的节能改造工程，住宅高 15m，建筑面积 3922m²，由 Schleifer 和 Milczanowski Architekci s.c. 设计，2008 年竣工。

ul. Moniuszki 联排别墅曾经是一座住宅的"厢房"。既有住宅建筑的风格是 20 世纪初当地典型的建筑风格，因此，节能改造的联排住宅便在尊重原有住宅风格设计的同时，加入了节能技术：建筑墙体做了保温隔热，外立面饰以当地典型特色的、与既有建筑风格一致的陶制饰面砖。内墙饰面采用了柏木板材；精心设计了住宅东西两侧，从建筑立面直接升高的坡屋面拓展出顶层住宅面积。坡屋面作为结构构件遮阳设施，利于夏季遮阳且方便侧窗冬季接受阳光照射；在坡屋面以下的凹进空间设置了木质固定遮阳格栅，有利于外跨阳台和户外楼梯的通风和遮阳。

建筑改造后，面对 Wojska Polskiego 大街的立面直接升高的坡屋面使坡屋面使坡面下面的阁楼成为可以利用的居住或起居空间。坡屋面两端，有效地为建筑相对凹进的居室遮阳，而不必再设置遮阳设施。建筑外立面的多处"软包装"采用了固定木质隔栅结构，保证了通风需求，并起到遮阳作用，有利于室内热环境的舒适性。

建筑拥有地下车库，从地下车库可以直接进入住户单元。从建筑顶层可以看到附近美丽的公园和山丘。

节能改造后的建筑，成为 Gdansk 一幢醒目的建筑。

1	
2	3
4	5

1.27　保加利亚的 edge 住宅

　　edge 住宅位于保加利亚郊区的一片树林边缘，由保加利亚建筑事务所 STARH stanislavov architects 设计完成。英文"edge"有"边缘"和"边框"之意，在这里正好呼应了住宅位于树林边缘，并且住宅采用了非对称式边框的形式。

　　edge 住宅面临大海。从正面看去，建筑宛如被镶嵌在画框当中。建筑不规则的、凸出的"边框"，在南立面为建筑起到了明显的遮阳作用；设计师对建筑北立面的设计则起到挡风和保温作用。

　　住宅北立面以混凝土实体墙为主，采光窗被巧妙地设计为避开直接朝向北面的方向，在有效地满足采光的条件下，可以避开强劲的北风袭击。建筑南立面则设计为玻璃幕墙，经过精确计算，玻璃幕墙便于在室内欣赏美丽的海景，且有"边框"的保护，对遮阳、挡雨十分有利。因为有了来自西面和上方的固定遮阳设施的保护，夏季，室内不会过热，而冬季则可以免费得到更多的太阳辐射热，为室内增温。仅这个"画框"的构思，就为业主在得到室内理想的热舒适环境的同时，大大降低了夏季空调制冷和冬季采暖的费用，一举两得。

1
2
3
4

1.28　波多黎各的 casa mar 临海住宅

　　波多黎各圣胡安建筑事务所 coleman-davis pagan arquitectos 设计的
"casa mar" 项目，是一座位于波多黎各首都圣胡安的临海住宅建筑。与住宅
相邻的海滩，成为大海与建筑之间的缓冲区，住宅建筑的南立面采用了玻璃幕墙，
视野开阔。并采用了外挑屋檐结合 "混合式" 遮阳构件的方式对立面进行遮阳；
北立面则采用了混凝土外墙，以构件形式设计了边框凸出的外窗，便于采光、
观景，并具备遮阳作用。

　　楼梯间被安置建筑内部的中央部位并与各个房间连接，如此设计，可以让
居住者在室内不同的位置都能够无障碍观赏大海的美景。楼梯间为陶土立面，
墙面上开启了一系列天窗和窗口，使楼梯间能获得充足的自然光线。

　　住宅的内部采用了起居室和餐厅空间通高开放的方式，为业主提供更加通
透明亮的视角，突出了内部空间视线交流的特色。建筑底层向上抬升，使住宅
从海滩上自然过渡到陆地，同时也起到隔离公共沙滩以及防卫飓风和风暴潮的
功能。

　　建筑屋顶平台的边缘设置了一个太阳能光电板廊道，在收集太阳能的同时，
还能起到遮阳并保护大型的空调压缩机等设备的作用。太阳能光电设备可满足
业主生活热水的使用；建筑首层贮水箱可收集和储存雨水，用作游泳池和景观
用水。

1.29 黎巴嫩 7950 地块的住宅

摄影：Bernard Khoury Architects

　　这座住宅位于黎巴嫩 Faqra 的 7950 地块，由 Bernard Khoury 建筑设计事务所设计。2010 年竣工。建筑师 Beirut 是黎巴嫩本地人，他的格言是："希望我的建筑是有机的，能感动人们。"

　　7950 地块住宅项目建筑面积约 1000m²，紧邻黎巴嫩山的一块坡地上，北面最高处与南面的最低处有 13m 的高差。建筑师利用地势和几何高差，依山就势，设计了一幢三层的住宅。

　　为充分利用地形，建筑北立面首层和二层均卧于北侧的坡地当中，获得了天然的保温隔热条件，建筑主体向阳面被设计为向上伸展至屋面的半圆弧形，并采用双层玻璃幕墙结构作为外墙。整个弧形自底部开始均设置了格栅式活动遮阳板。经过计算和设计，这些遮阳板按照不同的间距分层安置在建筑弧形的外立面。不论太阳在任何高度角，建筑立面的遮阳板均可进行相对调节。夏季，可以在满足室内拥有良好采光的同时，克服炫光进入室内，并且遮挡强烈的阳光曝晒；屋面的遮阳板，可以做到对屋面的全覆盖，遮光、隔音，便于人员在顶层卧室休息；冬季，调节遮阳板，让温暖的阳光进入，可以为室内增温；室内还安装了活动遮阳帘，居住者可以根据自己的需要，调节采光与遮蔽幅度。所有遮阳设施均采用了电动控制系统，在室内控制操作就可以达到理想目标。

　　在建筑立面与圆弧形屋面的连接处，设置了若干个可以开启的通风窗，电控装置可以满足室内人员随时调节进入室内的通风量，保证室内空气流通。

　　建筑入门处设计为悬挑屋檐，有利于遮阳、挡雨，且便于采光。为配合建筑的整体风格，悬挑屋檐还采用了玻璃与木质格栅结合的材料，格栅的暗红色与建筑立面遮阳板颜色一致，整体感极佳。由于已经有足够的采光，因此，建筑的东、西山墙均设计了很小的外窗，便于保温隔热。

　　两套主人房在顶层，穹顶高 3.5m，长 23m。玻璃层面的穹顶可以打开，如果天气情况允许，可以在开放的空间休息。建筑的首层是完全开放的空间，沿北向 23m 长，层高 5m，设置有主客厅和餐厅，这里有最好的景观效果。

	1	
2		3
4	5	6

1.30 美国俄亥俄州的小意大利社区联排住宅

　　小意大利社区联排住宅拥有 27 幢统一规格的建筑，位于美国俄亥俄州的克里夫兰市，由 Dimit Architects–Scott Dimit, Analia Dimit 建筑设计所提出设计方案，Jason Holtzman，Matt Sommer 和 Adam Parris 负责设计。

　　此 27 幢联排住宅是城市改造项目之一，要求建造成节能建筑并尽量使用本地的建筑材料，以期达到环境保护和城市的可持续发展目标。

　　我们对其中一个住宅单元进行介绍，就可以"窥一斑而知全豹"。

　　小意大利社区联排住宅采用了本地生产的酚醛树脂保温板结合混凝土面层作为外墙立面，屋面与地面也采用了保温板，并严格做好隔音措施和密封处理，建筑达到当地最新的节能设计标准。

　　联排住宅为带阁楼的三层住宅，每个住宅单元都配备了出挑的露台。出挑的露台为下一层居室起到遮阳作用，露台上可以依业主的喜好种植绿色植物，绿植为建筑顶层起到遮阳和保温作用。冬季，居住者可以在自家露台享受阳光浴。

　　建筑立面开设有宽大的落地窗，外窗面积虽然很大，但设计师利用出挑的露台构件、二层出挑的阳台和 2 ~ 3 层通高的竖向外窗遮阳挡板构件，组成了综合式固定遮阳构件，并安设了活动内遮阳帘，内外遮阳设施共同为建筑构建了舒适的室内热环境条件，同时起到保护隐私的作用。二层出挑的阳台为一层遮阳。遮阳构件结合外窗采用的双层 Low-E 隔热玻璃以及隔热玻璃纤维外门都是节能措施。建筑师对结构构件和节能技术的纯熟运用，使建筑特色独具，造价低廉，业主可终身受益。

1		
2		
3	4	5
6		

1.31　美国费城的错层住宅

　　这座错层住宅位于美国费城，由 Qb 建筑设计工作室设计。

　　由于住宅建筑坐落在某街区的转角处，因此，建筑在转角处的外立面造型被设计为圆润的弧形。别致拐角造型的一半外立面采用了不设外窗的通体饰面砖装饰；而另一半则采用了玻璃幕墙结构。这种一封一透的立面效果，成为吸引人眼球的亮点，也体现出建筑设计师独具匠心。

　　住宅向阳立面需要采光的部位，被设计为退进形式。上方实体墙的遮挡，有利于遮阳挡雨且效果良好，结构安全可靠。同时，退进部位采用了玻璃幕墙结构。玻璃之间相互反光原理和其透明特性满足了建筑内部采光的需求，尤其当夜晚来临，借助室内灯光的照射，玻璃幕墙更加容易借用人工光源，使得建筑更加通透晶莹。立面退进部位的外窗开启时形成的对流风，有效地解决了室内通风问题。

　　建筑内部的步行楼梯被设置在采光要求不高中间部位。步行楼梯周围是起居室、卧室、书房和餐厅，这些功能性居室光线充足，通风良好。位于二层的卧室，邻街一面的墙体采用了完全不透明的实体墙，卧室侧面的落地窗被设置在建筑的退进部位，既有充足的采光又不容易暴露隐私，这种巧妙的设计真是神来之笔。

　　住宅的顶层用镂空的青砖女儿墙包围，是一个通风良好的晒台。种植屋面与遮阳伞结合，营造出温馨的氛围，也为晒台之下的居室起到保温隔热的作用。

　　此错层住宅在设计师的精心安排之下，经过计算，依靠建筑结构本身实现了冬季保温、夏季隔热、遮阳、挡雨和引导自然风穿堂而过的生活需求目标，并且节约了生活能源费用的支出。建筑为这个街角增添了色彩，是值得称赞的节能建筑。

1.32 美国西雅图的 115 号节能改造建筑

摄影:Michael Matisse 和 Graham Baba Architects

115 号节能改造建筑位于美国华盛顿州的西雅图,建筑面积 245m²。由 Graham Baba Architects 建筑设计事务所完成节能改造设计。它的目标是在充分理解其独特地理位置的前提下,设计出一座独一无二的节能改造方案。在业主、承包商和建筑师的通力协作之下,最终成果令人十分满意。此项目 2009 年完成,并获得 2010 年 AIA 的西雅图荣誉奖。

115 号节能改造建筑是一座多用途建筑,包括三层的一套单元住宅,二层的商用办公室和一层的零售商店。其中,一层的零售商店是按照业主的意愿进行设计,方案保留了 Fremont 的邻里中心。

节能改造方案的特色就蕴藏在外墙的细节中:1. 建筑朝向街道的立面采用了半透明的玻璃幕墙结构,外窗采用了中空透明玻璃便于采光;2. 东、西山墙及背街的立面侧采用了热工系数满足最新节能设计标准的混凝土结构作为外墙;3. 在保证冬暖夏凉的室内热舒适度的前提下,建筑的四个立面均开设了仅供采光用的小开窗,并充分利用半透明的玻璃幕墙采光;4. 屋面的向阳面一侧设计了晒台,冬日可以尽情享受日光浴;5. 晒台后面是安设有落地活动卷帘的起居室,活动卷帘的收放与外挑的屋檐"联手"关乎着起居室的冷暖;6. 建筑首层部分透明玻璃幕墙上方设置有外挑的屋檐,为下面的空间遮阳挡雨;7. 东、西山墙与邻街立面的透明玻璃连接处是节能改造方案的最突出亮点。

东、西山墙与邻街立面的透明玻璃连接处采用了上下几层贯通的、凹进的透明玻璃外窗,凹进的透明玻璃外窗,满足了各个楼层室内的采光。由于是细长型外窗,无论冬夏,都不会因为外界气候的变化对室内热环境温度造成太大的影响。而经过计算的、凸出于这些凹进的外窗东、西山墙,在夏季为建筑起到了很好的遮阳作用;在冬季,并不影响阳光照射进室内,给室内空间增温。

建筑的第三层是舒适的居住空间,上述节能技术措施均使这个空间受益。同时,屋面的轻钢桁架为居住层提供了在夏季增设玻璃遮阳板的条件。根据四季变化,业主可以按需要随时进行调节。

```
    ┌─────────────────┐
    │ 2               │
  1 ├─────┬─────┬─────┤
    │  3  │  4  │  5  │
    └─────┴─────┴─────┘
```

1.33 美国科罗拉多州的 Frank 镇农场住宅

摄影：Raul J. Garcia

这所农场住宅位于美国科罗拉多州的 Frank 镇，建筑面积 400m²，由 Sexton Lawton Architecture 建筑师事务所设计，2008 年竣工。

住宅坐落在农场里，安卧在科罗拉多山脉 Pike 峰的优美景色之中。建筑充分采用当地材料，如石材、木料以及可以循环使用的金属，并参照附近村镇的传统农户建筑风格设计施工而成，住宅宽大的坡屋顶是这里明显的乡村特色。

宽大的坡屋顶不仅仅显示出当地建筑的特色，更重要的是它可以为整幢建筑起到挡雨和遮阳作用。在炎热的夏季，对于不方便空调制冷的房屋，遮阳是很突出的需求。巨大的屋顶遮盖了住宅二层的全部空间，留下一层的玻璃立面采光。这样，就可以大大降低夏季太阳辐射热给室内带来的不适；一层的玻璃立面在外部有加设的屋顶遮挡，其遮阳效果显著，通风、挡雨和采光效果完全可以满足居住者需求。

采用大屋顶，在节省能耗条件下如何满足采光需求，是另一难题。设计师将坡屋顶的屋脊处设计了采光带，满足了采光要求。这个采光顶可以使自然光线在室内得到几次折射，室内的不同高度和角落都可以得到免费光源的照射，并且很好地克服了炫光入室。节约了人工照明开支，收到了满意的效果。

住宅内部的隔墙，除卧室之外，均采用了通透的大面积玻璃窗隔断，便于接纳来自屋面和周围的自然光的折射和反射。由于具有合理的高度，夏季，在室内通风条件下，来自屋面的光照不会使室内温度不断增高；而冬季，关闭外门窗，屋顶采光带又成为为室内增温的免费热源，使室内其"热"融融。

室外的木质桁架之下的空间，在秋冬季节可以晾衣晒物；夏季搭上草席，就是凉亭。

1	2
3	
4	5	6

1.34 新西兰 Waiheke 岛的一座度假屋

摄影：Patrick Reynolds

　　这座度假屋位于新西兰奥克兰 Waiheke 岛的 Cable 海湾，是一座充满乡村趣味的两层建筑，建筑面积 2010m²，由 Mitchell and Stout Architects 建筑师事务所设计，2007 年竣工。

　　度假屋主人的建筑理念是要建造一座"新颖奇特但节省能耗开支的"住宅，使他们开启与城市不同的生活模式。度假屋由东向西一字排列为厨房-餐厅-居室，餐厅同时又是起居室，采用了玻璃立面；建筑两端的厨房和居室采用雪松木板作为外墙饰面。如此安排，显示出主人的节能和环保意识，雪松在新西兰是主要的种植树木和定期采伐利用的树种之一，资源丰富、结实耐用，便于更换；而建筑中间部位的餐厅采用玻璃立面，是节约建筑材料的措施之一。由于度假屋东西两端有了厚实的建筑结构，餐厅-起居室仅仅是白天或人多时候的房间，就省去了保温隔热层，直接采用玻璃立面，这样既利于采光，又利于在室内直接观赏到海湾的美景，成本造价也随之降低。

　　建筑上部的朝阳部分，采用了木质网格状外饰面，这部分的外窗也采用了与外饰面一致的木质网格状活动窗扇，使建筑别具风格。活动窗扇为建筑的上层空间起到遮阳作用的同时，还让自然风随意穿行，为室内降温。

1	2	
3	4	5
6	7	

1.35 澳大利亚的 Injidup 度假屋

摄影：Patrick Bingham-Hall

Injidup 度假屋位于澳大利亚的亚林加普，是一所私人住宅，并以这里的 Injidup 海滩风景区命名。由 Wright Feldhusen Architects 建筑师事务所设计。2011 年建造。为了便于观看海景，当地政府对海景区的建筑有明确规定，所有建筑不得高于海平面 4m，因此，Injidup 住宅被建造成为低矮、简洁的单层建筑。

夏季，强劲的西南风和夕阳落日是这里独有的气候和景观特点，因此，建筑师在房屋设计时，考虑借助当地季风为室内提供免费通风，并采用了大量的遮阳设施为建筑遮挡烈日阳光。

室内结构除卧室墙以外，起居室等空间多以通透的玻璃材料为主，人们在不同的位置都可以看到大海。南北通透的设计，自然通风可以满足室内降温需求。度假屋西向和南向，采用了外挑的大屋檐与遮阳设施相结合的形式，不透明的外挑屋檐，为建筑遮挡了炎热的太阳辐射；特别是西侧向下折曲的屋檐，可以更大幅度地遮挡阳光进入室内；透明的外挑屋面安设了活动内遮阳帘，白天遮蔽阳光，夜晚收回遮阳帘，可以从室内看到漫天繁星；所有的外窗都安设了室内外均能控制的活动外百叶遮阳设施。

由于地处南半球，Injidup 度假屋卧室均安排在南侧，尽量避免过度的阳光照射；而主要的室外活动空间集中在北侧和庭院中，在这里，通过起居室等室内玻璃隔断，就可以看到大海。

这座住宅是名副其实的碧海蓝天度假屋。

| 1 |
| 2 |
| 3 |

1.36 澳大利亚的淡水度假屋

摄影：John Gollings

　　位于澳大利亚悉尼海湾附近淡水区域的这座度假屋，独具特色，由建筑师 Chenchow Little 设计。建筑面积 280m^2，2008 年完成。

　　建筑的目标是要建造一所遮阳与通风良好的私家度假住宅。因此，建筑采用了轻钢框架与玻璃幕墙结合的结构体，并选用木质格栅作为全覆盖表皮。住宅的东、西、南、北四个方向的玻璃幕墙和外侧均设置有可以推拉的活动幕板，使得来自任一方向的自然风都可以进入室内，为室内降温。其木质格栅表皮结构包括：建筑主体的全覆盖固定格栅幕墙、可开启的格栅幕墙单元以及围墙。玻璃幕墙造价相对低廉，木材是当地盛产的植物，节约资源，有利于环境保护。如此结构，便于居住者放眼海面和沙滩，又有效保护了居住者的隐私，且利于居室的遮阳和通风散热。

　　卧室设置在建筑的二层，由于有可折叠的木质格栅所包裹，居住者可根据自己的需要，打开或关闭玻璃幕墙的活动幕板和木质格栅，以达到采光 – 通风 – 遮阳的目的。二层地面的四周被设计为出挑的结构构件，这些构件成为一层的遮阳、挡雨设施，居住者不论在一层还是二层，都可以尽情享用海风带来的清凉时光，观赏沙滩和海域的美景。

　　淡水度假屋节约制冷能源，造价低廉，舒适的室内温度环境，是此建筑的更高境界。

1	2	
3	4	5

2

多层建筑遮阳案例

2.1 江苏省南京市的大华·锦绣华城住宅

图片来源：南京二十六度建筑节能工程有限公司

南京市大华·锦绣华城住宅小区位于江苏省南京市浦珠北路 59 号，建筑面积 13.87 万 m^2，由南京大华投资发展限公司设计。住宅小区建筑正在建设当中，现已安装的遮阳面积为 1 万 m^2，遮阳形式为织物导轨式面料遮阳系统。

大华·锦绣华城住宅小区建筑为节能建筑，在建筑设计初期就将遮阳纳入设计范围，采用了外窗附和活动遮阳帘的复合体方式，将外窗外侧加设导轨，并将活动遮阳帘固定在轨道之内。小区内的住宅建筑多为 11 层的小高层，由于在抗风压等级方面低于高层和超高层，因此，选用了国产纤维织物作为活动外遮阳帘体。在满足节能建筑设计标准和遮阳标准的同时，降低了工程造价，使住户得到满意的室内舒适度。

外窗活动外遮阳复合体结构简单、安全可靠；可与外窗同时安装，不影响施工工期；遮阳帘采用的抗风底杆设计，可以克服季风对遮阳帘体的影响；在飓风季节，帘体只是在导轨之内上下移动，不会产生安全隐患；遮阳帘收纳厢尺寸小巧、导轨宽度小，不会对窗体产生窗扇开启或遮挡视线的影响。

1

2 | 3

2.2　江苏省南京市的南洋·碧瑶花园居住小区

图片来源：南京二十六度建筑节能工程有限公司

　　南洋·碧瑶花园位于江苏省南京市奥体中心乐山路 189 号，建筑面积 11 万 m²，遮阳面积 5080m²。由南京市民用建筑设计院有限公司设计，2012 年 8 月竣工。

　　南洋·碧瑶花园是多层建筑与小高层建筑混合的居住小区。小区内的建筑均为节能建筑。建筑设计单位在建筑设计初期，就考虑了遮阳设施，采用了与建筑遮阳企业共同开发的建筑外窗与活动外遮阳的复合体用于外窗，并选择了与外窗颜色一致的遮阳设施。

　　南洋·碧瑶花园建筑向阳立面的外窗设计以飘窗为主。飘窗的正面不设置可开启的窗扇，而在飘窗的侧面设置有可开启的窗扇。在飘窗外侧，与外窗结合的遮阳设施采用了金属百叶帘活动外遮阳系统。经过计算和实物检测，外窗遮阳复合体达到当地节能和抗风压要求。遮阳系统的技术措施为，金属活动百叶帘被安置在外窗外侧，用与外窗一体的导轨限制帘体的活动范围，帘体可以在导轨中达到上下移动的要求。遮阳百叶的叶片可以通过室内操作装置进行 90° 翻转，以达到对太阳辐射热和光线的控制。由于遮阳帘体的百叶可以进行 0 ~ 180° 范围内任何翻转控制，在室内就可以进行任意角度的翻转操作，安全、方便、省力。夏季，当遮阳百叶处于全遮蔽状态时，飘窗侧面的玻璃窗扇可以满足室内通风和采光需求；冬季来临，住户可根据自己的需要，将活动外遮阳百叶进行翻转操作，使更充足的阳光照射进室内，为室内增温。

　　南洋·碧瑶花园采用外窗与活动外遮阳复合体，解决了飘窗在节能、遮阳、采光和安装等方面的多个问题，使建筑达到节能设计要求，住户得到了舒适的室内热舒适环境，有效地节约了建筑冬、夏空调使用能耗，得到用户的好评。同时，建筑群在体现了整体感的前提下，采用的活动外遮阳设施既没有影响建筑群的整体效果，还为建筑增添了动感活力，是该小区的亮点之一。

2.3 上海市的万科·五玠坊

摄影：李小多

万科·五玠坊是高档住宅小区，位于上海市，2011年竣工。

由于小区内住宅均为低矮的宽景洋房建筑，对建筑质量、外观审美、节能降耗、采光通风、遮阳避雨等方面的要求较高，因此，洋房的建造在每一个阶段和环节都做到了精心设计、用心打造。

住宅建筑采用了以玻璃幕墙与钢筋混凝土结构结合为主的围护结构：玻璃幕墙结构使居住者拥有宽阔的视野和较好的采光；钢混结构与玻璃幕墙结构结合，使建筑刚柔相济，层次分明。在玻璃幕墙外侧设计有回廊，回廊外侧采用了金属材质与木质装饰结合的推拉式格栅，利于遮阳和削风避雨，使回廊成为室内外温度的过渡区域，也可供业主在家里就获取到与大自然直接接触的空间环境。业主可以根据自己的需要，推拉活动格栅，调节遮阳和采光面积，并同时调整通风量的大小。推拉式格栅也是保护隐私的屏障。

住宅建筑采用了宽大外窗，这对遮阳设施的要求也随之提高。在建筑设计时，选择了外窗与活动外遮阳卷帘附和的节能型遮阳外窗。若采用传统的37或42规格的外遮阳卷帘，就无法满足此类超宽门窗的抗风压和产品强度等技术要求。因此，设计方与遮阳产品企业联合设计，选用55规格的外遮阳卷帘，并进行了高度自动化及精准地加工，使外遮阳卷帘与外窗实现了完美结合，并达到抗风压、遮阳、采光和通风等方面标准的要求。在建筑转角外窗的活动遮阳设施的设计和安装、使用方面，也做到了设计精心、安装精准、使用方便。配置了电动和有线控制装置，宽阔高大的活动外遮阳金属卷帘，达到了遮阳—通风—采光并用的户外节能设施要求，活动外遮阳与节能建筑结合，为业主提供了居住舒适、室内温度环境适中、节约能源、降低建筑能耗、有利于环境保护且建筑风格美感极佳的居住条件，受到业主的好评。

1	2
3	4
5	6

2.4 浙江省宁波市的海关柳庄小区 某住宅的节能改造建筑

图片来源:宁波先锋新材料有限公司

海关柳庄小区位于浙江省宁波市的柳庄。小区内建筑在近年进行了既有建筑节能改造,节能改造的重点是对小区内某住宅建筑加设了外遮阳设施。小区内建筑面积 2.3 万 m^2,遮阳面积 2800m^2,2012 年节能改造项目竣工。

为有效改善人居环境,提高室内生活的热舒适性和视觉舒适度,项目改造中选用了对室内舒适度有明显效果的活动外遮阳设施,安设在建筑常年受到太阳辐射热影响较大的东、西和南立面的外窗。采用了在外窗洞上下突出的结构构件之间附加活动外遮阳软卷帘框架和导轨的遮阳设施。外遮阳软卷帘系统由卷管、罩壳、高分子遮阳织物、导向机构、上卷管、驱动机构、下底杆等部件组成。在住宅建筑南侧的内部通廊部位外侧,也以同样的方式,解决了通廊夏季遮阳、降温的问题。遮阳软卷帘采用进口化纤织物,帘体具有遮阳隔热、透光透景、通风透气、抗风抗压、防火阻燃等方面的优越性能,达到了当地对建筑外遮阳产品标准的各项指标要求,也是建设节能建筑的极佳措施。

活动外遮阳设施的驱动方式,绝大部分采用拉珠驱动,特殊环境下采用管状电机驱动。

由于是既有建筑节能改造项目,活动外遮阳设施在色彩和装饰效果方面选择了与既有建筑一致的风格,外遮阳设施尺寸相同,简洁大方,建筑外立面整齐划一,颜色协调,使建筑拥有了生动的外观表现形式。

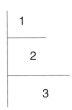

2.5 广东省的现代围楼建筑

摄影：Iwan Baan

　　这座现代围楼建筑是"中国都市实践设计的社会住房"项目之一，位于广东省。建设目标是为广东省的低收入家庭建造一座拥有220套公寓的公寓式住宅。

　　设计师的灵感来自中国南部著名的客家土围楼民居建筑形式。在经济已经比较发达的今天，为低收入家庭解决住房问题，并在达到最新的居住建筑节能设计标准的前提下，使住宅建筑在我国夏热冬暖地区的气候环境中，既要居室拥有理想的热舒适空间，又要支付较低的能源开支，蕴含着特殊的意义。

　　现代围楼建筑外形为圆形，围合出新的社区大家庭。建筑采用顶层住宅螺旋形逐层上升的结构形式，引导自然风进入建筑中不同的楼层，并通过围楼建筑内"u"字形建筑，使自然风在围楼内穿行，大大缓解了广东夏季的暑热；围楼的圆形造型，还有效地起到自遮阳作用，随着太阳高度角的不断位移，在每一天当中，建筑内圈的住宅居室可以轮流得到遮阳。如此遮阳效果，成为炎热夏季天然的降温屏障。

　　由于是圆形建筑，不论位于建筑的任何位置，都不会有直面太阳热辐射的房间，从而降低了室内的得热因素。同时，围楼的内环立面，以每一层为单位进行分割，每一层均设置了通廊和固定外遮阳格栅，为居室遮阳、导风、挡雨，并为人们提供了适宜的室外活动空间。

　　围楼建筑外环立面，仍以每一层为单位进行分割，每一层均设置了活动外遮阳网格窗扇作为建筑表皮，窗扇内侧是玻璃幕墙结构的居室。处于夏热冬暖地区的广东，玻璃幕墙＋活动外遮阳网格窗扇的围护结构，有利于夏季遮阳、通风和满足采光的要求；而在冬季，室内则可以更多地得到阳光的照射，为室内增温。

　　围楼建筑内侧和"u"字形建筑体量，采用了纵向和横向结构均突出于居室立面、并加设折叠式活动遮阳网格隔栅的方式，为其内侧的玻璃幕墙结构遮阳、通风和采光。突出于居室立面的结构构件也起到遮阳、挡雨和疏导自然风入室作用。

　　现代围楼住宅建筑，在其结构构成、采光、通风、遮阳、挡雨以及有利于冬季室内增温等节能技术措施方面，做到了高舒适度、低能耗、低能耗支出。节能技术周到、安全，可持续发展建筑质量高、造价低，值得在我国南方地区推广。

		1	
2	3	4	

2.6　海南省三亚市的 Block 5 度假村

Block 5 度假村位于我国的海南省三亚市，由 NL Architects 建筑事务所设计。度假村有 8 幢 7 层的度假宾馆和 4 个酒店。每幢宾馆有 15 个单元客房，宾馆首层均为餐厅、酒吧及商业设施。

这里仅以度假宾馆为例，介绍建筑的节能措施。

度假宾馆为复式居住单元，其南立面也以复式表达为特征。

建筑师采用了居室退进的手法，直接运用相对凸出的结构构件作为综合式遮阳设施，为居室打造出结构安全、抗风性能可靠、遮阳效果良好的热舒适环境。

每个复式单元外立面西侧上方，均设置有一个倒三角形混凝土砌块，这些混凝土砌块是绿植种植池。种植池可以为其下方的建筑空间遮阳，种植池的攀爬绿植可以为上一层的建筑空间遮阳。正是设计师通过对太阳高度角的计算，并利用亚热带地区有利于植物四季生长的季节条件，采取了建筑构件与绿色植物相结合，为建筑遮阳、挡雨、通风、削减炫光等低成本、无污染和高质量的措施。建筑构件与绿植并用，满足了室内采光需要，也保护着居住者的隐私。在植物相对稀疏的冬季，居住者可以享受到更多的阳光照晒，不会感觉到寒意，可以充分享受身处大自然的欢愉。

度假宾馆建筑立面富有动感节奏的创意，使居住者拥有了舒适的室内环境，降低了夏季空调制冷能耗，生态环保，值得参考和推荐。

1

2

3

2.7　中国台湾省台北市的内湖区里兹广场住宅

摄影：Jeffrey Cheng

里兹广场住宅建筑位于中国台湾省台北市的内湖区，建筑面积 2278.28m²，由 Chin Architects 的建筑设计团队设计，2010 年建造。

里兹广场住宅建筑突出了建筑遮阳的节能理念，整幢建筑采用的遮阳措施比比皆是，拓宽了建筑设计师的建筑遮阳设计思路。

由于建筑南立面采用的是玻璃幕墙结构，因此，里兹住宅建筑利用建筑的纵向结构构件，组织了建筑外立面遮阳系统：在玻璃幕墙结构外侧，采用了三组双立柱结构和四组纵向格栅结构组成的固定式结构遮阳构件，这些结构遮阳构件在为建筑遮阳的同时，也为玻璃幕墙起到保护和装饰的作用。

建筑北立面虽然也采用了落地的大开窗，但采用了纵向与横向结构凸出于立面的结构构件，作为构件遮阳设施。建筑首层外侧，也采用了几组纵向格栅结构组成的固定式结构，这些构件同时起到遮阳、挡雨、导风和保护隐私的作用。

建筑屋面上方采用了宽大、悬挑的屋顶全覆盖格栅式遮阳结构，在遮阳的同时，有利于自然风通过，为顶层住户创建了较舒适的室内温度环境。屋面晒台有利于遮挡炫目的阳光给顶层住户造成的不适，又便于住户在屋面晒台晾晒物品，冬季还是晒太阳的好去处。

住宅建筑的东西山墙均采用了装饰与保温隔热一体化的节能墙体，仅开设了极小的采光窗，其纵向采光窗被设计为侧面采光的斜向凸窗。节能墙体的南北两端突出于建筑南北立面的透明结构与纵向遮阳系统结构持平，也是保温隔热与建筑遮阳结合的功能构件。楼梯设置在东西山墙体内侧，这两个楼梯是室内外温度的过渡地带，也起到保温隔热的作用。

建筑的一层住宅被有意抬高，能够满足室内对采光和对户外周边美景观赏的需求。一层住宅之下是方便交流和通风避雨的公共空间。而上面几层住宅单元的公共区域设置在屋顶的晒台，拓展了活动范围和空间。

经过精确计算的里兹广场住宅建筑的所有结构 – 装饰一体化遮阳设施，在夏季达到有效的遮阳 – 通风 – 采光效果；在冬季有利于更多的阳光进入室内，为室内增温。这些设施大幅度降低了夏季制冷和冬季采暖能源消耗，节能减排，做到了建筑的可持续发展。

1		
2	3	4
5	6	7

2.8 日本东京的 Ebi 住宅

摄影：Takeshi YAMAGISHI

　　Ebi 住宅是一座以居住为主的多功能建筑，坐落在日本东京惠比寿附近的涩谷。建筑面积 111m²，由 yHa 建筑师事务所设计，结构设计由 Kitano Kensetsu Co.Ltd. 完成，2007 年竣工。

　　在日本寸土寸金的土地上，建造占地面积少，但是向高层发展出使用面积的建筑，实惠可行。Ebi 住宅就是如此典型。

　　Ebi 住宅占地面少，向上发展出 8 层的高度。在建筑的向阳面，采用退进的玻璃幕墙与钢筋混凝土结合的结构形式，突出了建筑纵向和横向结构框架造型，退进的玻璃幕墙在东西两端，逐渐向相对外挑的框架结构延伸，丰富了呆板的建筑立面造型。

　　建筑立面相对外挑的框架结构，充当了遮阳、挡雨和导风设施。玻璃幕墙折出的钝角，更有利于采光，减少人工照明能耗和向外观景。经过计算的水平结构有利于夏季遮阳，也便于冬季更多的阳光照射进室内，辅助室内增温，降低了冬夏两季使用空调制冷和取暖的能耗费用。宽敞的落地玻璃幕墙，采用了易于推拉的两层玻璃，内层是普通透明玻璃，外层是磨砂玻璃。双层玻璃有利于保温隔热，在满足室内充足采光的同时，磨砂玻璃有效控制了紫外线进入室内照射量，并且具有克服炫光的作用。室内人员可以根据需要，打开其中任意一层玻璃门扇，平滑降噪的导轨，是双层落地玻璃幕墙的质量保证。

　　相对外挑的横向框架结构外侧加设了金属格栅护栏，有利于通风。护栏与玻璃幕墙之间形成的晒台，是四季当中居住者与大自然亲密接触的空间。这个空间还可以用来栽种植物，植物形成的屏障，为室内起到遮挡作用。

　　在满足采光、通风和遮阳的条件下，建筑的东西立面均采用了狭长的外窗，仅供采光之用。白色的建筑立面，可以有效反射一部分夏季强烈的阳光，有利于减少空调能耗。夜晚，当室内灯光亮起，白昼娇小的白天鹅变换成了亭亭玉立的水晶宫，煞是迷人。

　　建筑首层是日常用品小商店，二层以上是宽大的商住两用空间，居家功能和设施俱全，是室内热舒适环境质量高、造价低、能耗低、能源费用支出低的节能建筑。

1	2
3	4

2.9　日本大阪的片山公寓住宅

摄影：Matsunami Mitsutomo

　　片山公寓位于日本大阪吹田市的片山町，由建筑师 Matsunami Mitsutomo 设计，项目基地 110m²，建筑面积为 341.38m²，建筑的第一层面积 69.97m²，2007 年建成。

　　片山公寓在相对较小的面积上，营造出相对较大的住宅面积，在建筑设计师的积极努力之下，片山公寓拥有了 7 层高度的 10 套住宅单元。每层有两套住宅单元，有的住宅单元是跃层布局，使用面积在 23.2 ~ 35.7m² 之间。

　　向高度发展是日本建筑师一贯的设计手法，但是，如果再考虑建筑的遮阳问题，就是对建筑师的一个新的挑战。在地震带上的日本，房屋建筑的抗震是必须考虑的问题。随着生活水平的不断提高和居住者对住宅内部热舒适环境的要求也在不断提高，建筑遮阳问题也必须得到解决。

　　参照建筑的高度和本土的地震因素，采取建筑构件遮阳是绝好的措施。建筑师 Matsunami Mitsutomo 在片山公寓式住宅采用的结构式遮阳设施，是解决遮阳问题以得到良好的室内热舒适条件的突出案例。

　　电梯、楼梯和入口走廊被设置在建筑北侧，充当抵御冬季寒风的过渡空间，以避免居室设置在北侧所需的采暖能耗过高的能源浪费和增加不必要的开支；而在建筑南侧，则采用了将建筑横向结构框架延展、居室立面退进的方式，解决了遮阳问题。片山公寓建筑外立面采用了 Low-E 玻璃幕墙，由横向结构框架延展形成的阳台挡板也采用了玻璃挡板，有利于达到内部采光和克服炫光，横向结构外展形成了遮阳构件。这样的设计，既满足抗震要求，又达到遮阳要求，完全符合结构安全和节能建筑设计标准。

　　建筑内部的墙面和设备均采用白色，有利于光的折射和反射，在白天尽量不用或少用人工照明设备，也是降低建筑能耗的有力措施。

1	
2	3
4	5

2.10　伊朗德黑兰的 Danial 公寓式住宅楼

摄影：Alireza Behpour

　　Danial 公寓式住宅楼位于伊朗德黑兰的东北地区，由建筑师 Reza Sayadian 和 Sara Kalantary 设计。建筑面积 1344m²，2012 竣工。Danial 公寓矗立在 320m² 的矩形土地上，是一幢 7 层建筑。其中包括五个 165m² 的公寓式住宅单元、停车场和住宅入口门厅。地下室设置了娱乐设施,有室内游泳池、桑拿浴池和按摩浴池。

　　公寓附近曾经是夏日小屋和花园，随着经济发展和建设规模的需要，花园和树木已经所剩无几，建筑师设计 Danial 公寓时，萌生了再建花园式园林的想法，通过对 Danial 外立面的创新设计，充分体现出建筑师对回归大自然的向往和追求。

　　Danial 公寓式住宅楼南侧立面表皮被设计为枝叶繁茂的丛林。这片"丛林"不仅呈现出大自然的生机,还是节能建筑设计的目的所在。具体技术表现手法为：建筑南立面采用框架结构凸出与玻璃幕墙结构缩进的方式，将枝状玻璃表皮镶嵌在结构框架中。不规则的枝状结构中镶嵌了磨砂玻璃叶片，与镂空叶片相结合，使枝状结构以生动的光影变化方式，成为其内侧玻璃幕墙的遮阳设施和保护屏障。随着太阳高度角的不断变化，室内形成流动的光影，起到遮阳的作用，同时也有保温隔热和保护隐私的作用。由于表皮是玻璃与镂空兼具，所以通风效果良好。室内通风量的控制，取决于落地窗开启的幅度，居住者可以随意控制。有了表皮的屏障作用，就克服了炫光进入室内，且保证了良好的室内采光。"丛林"表皮的另一巧妙设计之处是，每一层立面安装有四块以推拉方式开合的枝状镂空窗扇，简单操作就可以进行对窗扇的移动。采光、遮阳、通风、克服炫光的调节作用，完全掌握在这一推一拉当中。

```
         1
   ┌──────────────┐
   │  2  │  3  │  4  │
```

2.11 以色列霍隆的某住宅大楼

摄影：Dana Polo

位于以色列霍隆的这座住宅大楼，建筑面积 8500m^2，由建筑师 Ami Shinar. Amir Mann 设计，2013 年竣工。

住宅大楼的不凡之处体现在 3 个方面：

1. 建筑使用的是预制混凝土"盒子"间构件，这种预制构件在工厂制作，现场拼装并包裹保温隔热装饰铝板。省时、省力，施工快捷，现场基本没有建筑垃圾；

2. 将这些预制构件进行独具匠心的排列、叠加摆放，就"变幻"出超凡脱俗的建筑造型；

3. 独特造型不仅使建筑本身吸引了人们的眼球，更解决了建筑的遮阳、挡雨、克服眩光和疏导风向的作用。

建筑的四个立面均为凸凹块体错落有致的叠加造型，很像中国的鲁班锁。独特的造型中体现出设计师独具匠心：

建筑立面的凸出部位，为之下的空间遮阳、挡雨，且具有克服炫光入室的作用；凸凹有致的造型，将迎面直接吹来的自然风柔和地"分配"到每一户住宅室内；立面的凸出部位开设了少量仅供采光的小窗，有效地抵挡夏季炽热的太阳辐射入室，并抵御冬季的冷风进入室内；而在凹进部位，则开设了较多和较大的外窗，满足了室内采光、通风需求；不论居住在建筑的哪一侧立面，都拥有同样的遮阳、挡雨、克服炫光和通风条件；

建筑采用浅灰色作为外立面装饰，可以有效地反射太阳辐射热和耀眼的炫光。在建筑外窗采用了外窗与活动织物卷帘一体化设施。建筑顶层有宽大的晒台和免费露天泳池，因为泳池有阳光"照明"和加温，节省了这方面的能源消耗。这些都是节能措施；

建筑师巧妙地运用建筑造型，为业主提供免费的遮阳、挡雨、导风条件，这些措施安全可靠，行之有效。虽然建筑的设置高档，但是建筑独特的造型，使业主在获得舒适的室内热舒适度的同时，节约了能源，降低了能耗费用，有利于社会和环境的可持续发展。

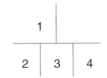

2.12 德国 Munich 的 Mittlerer 住宅群

摄影：Christian Richters

    Mittlerer 住宅群因位于德国 Munich 镇的 Mittlere Ring 环路旁而得名。Mittlerer 住宅群由若干座外貌相同的住宅建筑组成，沿 Mittlere Ring 环路内侧排列。项目面积 1.225 万 m^2。Léon Wohlhage Wernik 建筑设计事务所承担了建筑设计，2009 年竣工。

    由于位于环路旁的特殊地理位置，周遍也没有建筑物和树木的遮挡，所以，Mittlerer 住宅群首先要考虑的就是解决减低噪声和遮蔽阳光的问题。Léon Wohlhage Wernik 建筑设计事务所针对这两个不利因素，对 Mittlerer 住宅群进行了精心设计，使建筑群达到"绿色"建筑标准要求。

    Mittlerer 住宅群是五幢造型和色调一致的建筑，沿环路内侧，由东向西一路排开。建筑群朝向环路一侧的建筑立面，均采用了加厚混凝土保温墙体。墙体又以居室为单位，采用装饰面板的形式，以西侧为轴，向北面打开，形成了鳞片状层层叠加伸展的状态。面板东侧一端是向内侧缩进的、安装了 Low-E 玻璃的侧向采光外窗。建筑立面使用了黄绿色系、深浅变化的色彩，明亮而不失典雅，多彩却色调统一。五幢建筑独特的造型和明快的色彩，为其迎来了"鳄鱼"的昵称。更值得一提的是，建筑采用了层层叠加的加厚混凝土保温墙体，以及侧开的条形外窗，既满足了室内采光和克服炫光的需求，又有效地遮挡和反射了太阳辐射热对建筑室内温度的不利影响，同时，有效阻挡了环路交通造成的噪声。

    住宅建筑南侧采用的是居室向内缩进 – 横向结构构件同时承担遮阳构件的结构形式。由于有了结构构件遮阳，居室就采用了宽大的落地窗，结合外窗 – 活动外遮阳一体化设施，有效地遮挡了夏季强烈的太阳辐射热进入室内。内缩式晒台可以满足居住者与大自然零距离接触的需求。居室内缩与横向构件结合遮阳、克服炫光入室的结构形式，是获得满意的室内热舒适环境和降低建筑能耗的有效措施，在安全和建筑造价方面也具有优势，值得推广。

    Mittlerer 住宅群的每两幢楼之间设计有连廊，方便人们可以全天候地来往于楼宇之间。

	1	
2		3
4		5

2.13　德国柏林的克罗兹堡塔楼

摄影：Flickr, seier + seier, World-3, Jim Hudson

　　克罗兹堡塔楼住宅建筑位于德国柏林，1988 年建造，为后现代式建筑。由建筑师 John Hejduk 设计。建筑由一座 14 层的塔楼和两座 5 层的独立翼楼组成。克罗兹堡塔楼是 1987 年国际 BauAufstellung (IBA) 计划的一部分。此计划的目标是资助设计和建造可持续建筑，克罗兹堡塔楼的建成使用，为当时西柏林的中低收入人群解决了住宅问题。

　　近年来，为提高居室的热舒适环境质量，并达到节能减排要求，政府对克罗兹堡塔楼进行了节能改造。改造的主要措施是：1. 对外墙做了保温层；2. 加设了阳台和固定遮阳篷。仅这两项技术措施，就在节约建筑用能、降低能耗支出的基础上，使业主得到了舒适的室内环境温度，受到用户的欢迎和支持。

　　克罗兹堡塔楼外立面采用了淡灰的中性色彩。节能改造后加设的阳台凸出于原有结构体，在阳台上方和外窗上方均安装了固定遮阳篷。阳台和遮阳篷采用了深绿色。淡灰色调配以深绿色，形成了稳重典雅的色调。加设的阳台扩大了原有住宅面积，拓展了住户与大自然接触的空间。固定外遮阳设施安全牢固，有效地遮挡来自太阳直射，使热辐射和炫光不进入室内，也是引导自然风入室和避雨的良好设施。

　　改造后的克罗兹堡塔楼达到当地建筑节能最新标准要求，改造费用少，节能效果突出，成为当地既有住宅建筑节能改造的典范。

1	
	2
3	

2.14 德国汉堡的 Yoo 公寓住宅

摄影：HG Esch

    Yoo 公寓住宅坐落在德国汉堡的哈玢住宅小区（Hafencity），建筑面积 3700m²，由 Léon Wohlhage Wernik Architekten 建筑设计事务所设计，2007 年竣工。

    Yoo 公寓是小区内豪华住宅建筑群中的其中一幢，豪华公寓住宅楼群在哈玢小区较高地势的 Dalmannkai，并沿着 Dalmannkai 河依次排列。景观别致、依坡滂水，是豪华建筑群的优势，可持续发展建筑理念是楼群的另一销售亮点。

    这里以 Yoo 公寓住宅楼为例，解读建筑的优势所在：

    Yoo 公寓采用了砖石这种重质结构与 Low-E 玻璃幕墙结合的围护结构体系，经过精心设计和计算，使建筑达到节能建筑设计标准的热工系数要求，并获得了冬暖夏凉的室内热舒适环境温度，大大减少了冬夏季节用于采暖和制冷的建筑能耗；

    Yoo 公寓建筑南立面的三层以上，被设计为凹凸造型。造型凸出部分，采取了南向西段和西向墙体均采用重质建筑材料砌筑的方式。有效地遮挡了夏季西晒的太阳辐射热进入室内，也为以下建筑遮阳。外窗被设置为大型落地窗，并选用了 Low-E 玻璃，有效地阻挡紫外线，克服炫光进入室内；凹进的部分，设置了带有透明玻璃围挡的晒台。精心计算和设计的结果显示出，由于有突出部分的有效遮挡，夏季的绝大部分时间，晒台将处在阴凉中；而冬季，由于太阳入射角的不同，晒台绝大部分时间又都充盈在温暖的阳光下；

    Yoo 公寓东向立面基本不设置外窗。具有外窗形式的"玻璃窗"，其实是阳台外侧的玻璃封挡，有效地遮挡了东面的太阳热辐射进入室内；没有阳台的外窗，则采用了不可开启的玻璃采光面积与单扇窗扇结合的外窗，避免了大部分由于窗缝封闭不严造成的不利现象产生，保证了设计时的热工系数值；

    Yoo 公寓建筑东南角的晒台，可以全天候地接受阳光的照射，满足居住者与大自然亲密接触、日光浴或晾晒衣物的需求。

    Yoo 公寓住宅楼内有 17 个住宅单元，住宅单元的居住面积有 82m² 和 227m² 两种户型，但所有住宅单元内都设置有壁炉和朝向水景的房间。从某一公寓入口进入，内部设置的楼梯，可以引导你分别直达毗邻的两座公寓楼内，方便快捷。

1

2

2.15 法国巴黎的老年公寓住宅

摄影：Hervé Abbadie, Grégoire Kalt, Luc Boegly

这座温馨的老年公寓住宅位于法国巴黎。建筑面积 4300m²，由建筑师 Philippon-Kalt 设计，2012 年竣工。

考虑到居住者是老年人这个弱势群体，设计师为他们提供了冬暖夏凉的节能建筑，内部的使用功能也方便舒适。并且，在建筑结构立面和造型方面也给予充分的考虑，充分显示出可持续建筑的特色：

1. 可持续建筑首先在外墙采用了保温隔热墙体：在建筑临街的一面，采用了独特的表皮，经过计算，表皮在夏季有利于遮阳；而在冬季则让更多的阳光进入室内，使室内温暖如春。在建筑背街的一面，是朴实的保温墙体，并设置了落地 Low-E 中空玻璃窗和宽大的晒台，有利于老人们晒太阳，或室外活动。

2. 所有室内走廊均设置在建筑的北侧，在寒冷的冬季，走廊可以有效缓释北风对住室温度的影响。室内的无障碍通行设计，保证老年人可以乘坐轮椅到达室内任何地方，也是建筑的特色所在。

3. 建筑临街立面的遮阳特色：选用嫩绿色作为建筑外墙饰面的主色调，并采用不规则的金属枝状结构作为表皮。纵向的枝状表皮是固定遮阳设施，夏季，随着太阳高度角的移动，起到对太阳辐射热的遮挡作用。表皮与建筑立面之间留有合适的空间，且设置有固定隔栅式遮阳挡板，遮蔽了夏季来自外窗上方的太阳辐射热。而冬季由于太阳高度角的不同，这些遮阳设施不会遮挡温暖的阳光进入室内。

4. 枝状表皮与外窗上方的隔栅式遮阳挡板结合，满足了夏季室内的热舒适环境，也克服炫光进入室内。同时不影响自然风在这个空间穿行，进入室内。这种半通透的表皮设计，并不影响从室内向外观望。

5. 公寓室外种植有多种高大落叶树木，是改善环境气候的另一有效措施，夏季，树木枝繁叶茂，为建筑物遮阳；冬季，落叶植物为建筑得到充分的日照提供了畅通无阻的方便条件，也是降低建筑能耗费用的良好措施。

在这座老年公寓居住的老年人们，行走在这样的环境中，犹如漫步在春天静静的白桦林。优美的环境，方便舒适的住宅和低支出的建筑能源费用，是老年人心向往之的极佳去处。

1	
2	3
4	5

2.16 法国碧格拉斯的组合式住宅

位于法国碧格拉斯的组合式住宅建筑群是带有底商的可持续发展建筑。由法国建筑事务所 LAN 设计。建筑面积 6500m²，2012 年建成。

建筑群邻街的立面，均采用了细密的白色金属格栅全覆盖表皮，不规则地留有观景露台。立面设置有不规则排列的较小的外窗，外窗与格栅表皮之间留有一定的距离，形成的空气层起到保温隔热的作用，并兼具可呼吸式通风的作用。细密的格栅全覆盖表皮在满足采光的条件下，有利于通风、遮阳、克服炫光和保护隐私，成为室内热舒适度的屏障。

建筑内侧立面，设置有较大的外窗，便于采光；横向结构向外拓展出阳台的位置，安装有纵向格栅挡板，通透凉爽。

建筑设计师通过经过精准计算和设计，利用建筑自身结构的合理造型设计，达到了不使用能源就满足建筑通风、遮阳、采光的目的，楼宇之间的遮挡 – 自遮阳满足了不同住宅单元的遮阳问题，将可持续建筑的优越性体现到建筑的每一个环节。

1
2
3
4

2.17 法国的 ZAC 住宅

ZAC 住宅全名为 "ZAC bords de seine"，是集居住、综合服务和几所小巧的花园组成的花园式住宅，位于法国的 Issy les moulineaux，由 ECDM 建筑师事务所设计，是智慧居住空间与自然生态环境结合的宜居小区。

ZAC 住宅在立面采用了纵向和横向结构构件向外延伸，形成外挑屋檐与竖向挡板结构结合的混合式遮挡形式。每层外挑屋檐之下是阳台，使阳台和外窗构成了内缩式结构。外挑屋檐和竖向挡板可以全天为这个空间遮阳。此结构有遮阳挡雨的效果，又是免费的结构安全、有利于室内通风和热舒适度调节的节能措施。为结构安全起见，向外延伸的结构构件在立面中央部位设置了一些错位排列的实体墙，实体墙内侧是住宅内不需要采光空间的一部分。

横向结构构件向外延伸的设计，工程造价低廉，解决了遮阳、挡雨和导风入室的问题，效果明显，安全可靠。经过计算，向外延伸的结构构件做到了冬夏两季室内得热和遮阳两不误，巧妙地解决了对太阳热辐射的季节性取舍问题。

建筑西侧立面，设计了小型外窗，仅考虑采光的需要。小型外窗有利于夏季少受日照影响，以及冬季少受寒风侵袭。

建筑屋面被设计为绿化屋面，选择了不必人工侍弄、四季皆宜的佛得草。屋面种植为建筑屋面增加了保温隔热层，住在顶层的住户拥有与其他住户同样的室内温度环境，也是节能措施之一。建筑还设计有雨水收纳系统，当夏季多雨季节，丰厚的雨水通过系统被收纳在蓄水池中，用于花园小区的绿植灌溉。

半地下停车场半掩在小区用土方堆积起的坡地之下，为节约人工照明用能，混凝土停车场顶棚在每一处有树木的地方，围绕树木留出圆形孔洞。这些圆形孔洞为停车场内提供了天然光源，树木高端的枝叶，为下面遮阳、挡雨。生态和节能如此结合，令人赞叹。

1	
2	3
4	5

2.18 法国波尔多的 DOX 学生公寓

摄影：Simon Deprez

    DOX 学生公寓位于法国的波尔多，建筑面积 6274m^2，由 K–architectures 建筑设计所设计，2010 年竣工。学生公寓由三座独立的建筑组成，容纳了 234 间公寓式宿舍。建筑与建筑之间采用一系列室外楼梯相互连接。

    学生公寓建筑采用了多项节能措施：1. 采用了喷涂铝合金包裹的聚酯复合保温板，其热工参数完全符合当地的最新居住建筑设计标准。为克服单调的外立面色彩，立面采用了深咖与白色相间的素色亚光色彩，有利于反射太阳辐射热且不产生炫光；2. 建筑立面开设了小型外窗。经过精确计算，窗户尽量缩进，以达到部分遮阳、克服炫光进入的目的。同时，采用了中空玻璃窗 – 遮阳一体化的外窗，遮阳效果良好，设施安全牢靠；3. 在建筑的低层，均设置有格栅式固定遮阳栏栅，便于通风，并保持学生公寓与街道的空间距离感；4. 设置在建筑背街一面的系列室外楼梯和通廊，有相互遮阳的作用，楼宇之间形成的阴凉可以为楼梯和通廊降温。外置楼梯和通廊不必占用室内空间，也尽量避免人员走动产生的噪声影响室内人员休息。

2.19 法国塞特港的 71 公寓式住宅

71 公寓式住宅包括三幢 6 层的建筑，位于法国南部的塞特港。"71"是这里 71 位私人住宅理事会的简称，此住宅群以此命名。近年，71 公寓式住宅进行了节能改造，改造项目由 Colboc Franzen & Associés 设计，涉及 16 间公益公寓住宅、55 个普通公寓住宅、底商以及停车场。

节能改造后的公寓特色是，三幢既有建筑均用巨大的钢质格栅式幕墙进行包裹，形成新的表皮。与表皮相邻的是阳台或走廊，再往里面才是居室。钢质格栅式幕墙牢固安全，耐候性强，遮挡了刺眼的炎热阳光直接进入室内，为居室带来了阴凉并创造了良好的通风条件。有了这道"屏障"，以及阳台和走廊的过渡，居室内拥有了理想的热舒适环境，降低了空调的使用，甚至整个夏季可以不使用空调，节约能源，保护环境。居住者可以在阳台或走廊享受室外的悠闲时光，且足不出户即可观赏周遍美景。

公寓群楼与楼之间形成的阴影起到了相互遮阳的作用，并有利于形成局地通风效果。

节能改造后的公寓住宅群扩建了停车场和小区园林。设计师运用公寓群区域不同的地面坡度，在甬道上铺设了本地的岩石，小路与种植植物相互衬托，使小区园林和花园式停车场成为 71 公寓群的公共休闲区。

1	2
3	4

2.20 法国巴黎的 M9-C 多功能小区住宅楼

摄影：Courtesy of BP Architectures, Sergio Grazia, Luc Boegly

　　M9-C 多功能住宅小区位于法国巴黎左岸，占地面积 0.985hm²，由 BP Architectures 设计事务所的设计团队 Jean Bocabeille 和 Ignacio Prego 进行设计，2012 年竣工。小区内多功能住宅建筑均为节能建筑，因此，此小区住宅建筑成为当地节能建筑的设计典范。

　　小区的几幢建筑采用了围合式排列形式，围合式建筑的外侧——朝向街道的一侧，与内侧——围合式内院一侧，采用了两种不同形式的立面表现形式。

　　住宅建筑外侧采用了陶瓷饰面 – 保温一体化的节能外墙，亚光巧克力色陶瓷饰面不会对相邻建筑或行人造成炫光影响。外窗被设计为纵向的窄窗，并选用外窗 – 遮阳一体化的结构形式，遮阳窗扇为金属水平折叠的白色遮阳板。设计思路与外窗设施结合，满足室内采光，且遮阳效果良好。

　　住宅建筑内侧采用了外挑横梁结构与缩进式居室结构相结合的方式。缩进的居室采用了大面积落地窗，便于室内采光和冬日里得到充足的阳光照射。外挑横梁结构与居室之间形成了通廊，通廊外侧设置了玻璃围挡和纵向护栏。通廊成为缓解冬夏室内外温差的良好过渡区域，也是夏季的室外凉廊。建筑外立面采用了金属冲孔遮阳板全覆盖形式，水平折叠的、白色的遮阳板按照楼层安设，居住者可以根据自己的需要，进行展开或收回操作。金属冲孔板是遮阳、通风、挡雨、采光、克服炫光和阻挡部分噪声的良好设施，其节能效果不可小觑。

2.21 法国海洋天文台的国际住宿中心

摄影：FG+SG – architectural photography

国际住宿中心位于法国的 Avenue du Fontaulé，66650 Banyuls-sur-Mer，隶属于法国海洋天文台。建筑面积 2980m²，由建筑师 Atelier Fernandez 和 Serres 设计，2013 年建成。

法国海洋天文台建在东比利牛斯省刻耳柏洛斯－巴纽尔斯海洋自然保护区内，国际住宿中心是海洋学研究中心和法国巴纽尔斯天文台的重要组成部分。国际住宿中心为从世界各地前来天文台进行短期研究、完成实验任务的科学家以及来此进行培训的学生提供住宿。国际住宿中心包括 74 间宿舍、科研工作中心和一间餐厅。

国际住宿中心拥有非凡的外表：长方形建筑，被涂有珊瑚红色彩的珊瑚形金属型材的表皮全覆盖包裹，其灵感来自深海中珊瑚的形象；红色的建筑在蔚蓝的海水背景衬托下，与远山的葡萄园和梯田形成色调上的呼应；外形奇特的建筑表皮，是结构安全，耐候性能良好的遮阳设施。克服了来自不同方向的炫光，视野通透，采光充足，通风良好。光线随着太阳的移动，产生出动感效果，让人们联想到深邃的海底水晶宫。

全覆盖的金属"外罩"，是可持续发展前提下节能建筑的有效设施：为建筑遮挡了夏季强烈的太阳辐射热，又具有削减冬季寒风进入建筑内部的能力。在建筑"外罩"与内室之间，有宽大的回廊，因为有了"外罩"的庇护，回廊成了室内外的温度过渡带，更为行走其间或在此小栖的人们提供适宜的空间。回廊可以直接通往不同的卧室、餐厅和室外；在回廊向外眺望，远山近海，一览无余。回廊也避免了外界向室内直视，有效地保护了居住者的私密性。建筑表皮模仿珊瑚的枝状造型，是建筑遮阳中安全牢靠、免于操作的有效设施，结合居室采用的落地 Low-E 玻璃外窗，满足了居室内光线和温度的要求。建筑还采用了活动内遮阳设施，使建筑的遮阳避光与保温隔热起到了双重作用。

国际住宿中心独特的表皮，大幅度降低了建筑能耗，使建筑达到最新居住节能建筑标准的要求。"外罩"新颖的造型与室内热舒适度环境，是可持续发展建筑值得借鉴、健康的范例。

1	
2	3
4	5

2.22 奥地利维也纳的赫茨伯格公寓式住宅楼

摄影：Hertha Hurnaus

赫茨伯格公寓式住宅小区位于奥地利维也纳，建筑面积多于 2 万 m^2，由 AllesWirdGut Architektur + feld72 完成建筑设计，2012 年建成。小区内的住宅楼均为节能建筑，建筑设计秉承可持续发展理念，设计出多种户型，并在满足居室热舒适环境的前提下，节约能源，降低 CO_2 排放，成为当地建筑节能的典范，受到业主们的青睐。

赫茨伯格公寓式住宅小区建筑采用了多项节能措施：

1. 联排式住宅建筑采用了节能保温墙体和浅色外立面，浅色饰面能够有效反射太阳辐射热；

2. 采用建筑横向构件延伸出立面的结构方式，解决了建筑外侧通廊、遮阳和克服炫光入室等问题。通廊的设置有利于户外活动和邻里间的交流。通廊挡板采用纵向隔栅式围挡，便于通风；

3. 建筑向阳立面设置了凸出于立面的结构体阳台，这些外挑式阳台错位排列，起到为建筑本体遮阳和对阳台自身遮阳的作用。阳台采用纵向隔栅式围挡，便于通风且在外观上与建筑风格保持一致；经过对太阳高度角的计算，冬季外挑式阳台并不影响阳光进入室内，为室内增温；

4. 建筑向阳面除了外挑式阳台，建筑外窗合理地缩小，阻挡部分太阳辐射热进入室内；

5. 建筑侧面退台式的设计方便业主享用独立的室外空间，并且可以将这个庭院空间装点为绿地或花园。绿地和花园也能够有效地为建筑保温、隔热；

6. 住宅建筑采用了户外楼梯，不占用有效的住宅面积。人们在楼层间行走更加方便，同时可以更少地打扰别人；

7. 建筑屋面安装了无动力换风系统，可以随时对室内空气进行更新。

赫茨伯格公寓式住宅的能源费用低支付和低能耗，以及室内热舒适环境，是获得理想高质量、低成本居家生活的吸引力所在。

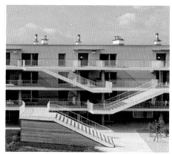

2.23 比利时布鲁塞尔的社区住宅

摄影：Michel Vanden Eeckhoudt

此社区住宅位于比利时布鲁塞尔的 Belgium，建筑面积 1600m²，由建筑师 Nicolas Vanden Eeckhoudt & Olivier Noterman 设计，2010 年建成。建筑以围合的格局形式，建造了 15 个复式单元住宅。

社区住宅采用了保温隔热的节能墙体。

围合式建筑外侧面街的立面采用金属全覆盖纵向隔栅作为表皮，建筑立面设置了小型外窗。立面上除在每一层留有少数外窗与室外直接畅通外，其余外窗全部被遮挡在表皮内。金属隔栅涂有仿木质色彩，与周围环境中的建筑风格保持一致。全覆盖隔栅表皮为建筑遮阳、克服炫光进入室内并有良好的疏导风向的作用。

由于是围合式建筑，经过对太阳高度角的计算，建筑内侧设置了面积较大的外窗，可以充分满足室内采光的需求。在夏季，建筑之间的自遮阳不会让过多的太阳辐射热进入室内；而冬季，则可以让阳光照射进室内为室内增温。在建筑内侧，每两层之间还设置有户外凉廊，便于居民行走，纵向的隔栅挡板便于通风散热。

社区住宅更吸引住户的设计，是建筑顶层房间的围护结构采用了玻璃幕墙形式，便于居住者在高层住宅中远眺城市的景色。为保证达到节能建筑设计要求，建筑屋面采用了轻质金属材料作为坡屋面面层，并巧妙地将坡屋面延伸下来，形成宽大的屋檐，在不遮挡视线的前提下，达到了通风、挡雨、遮阳和克服炫光的目的。使顶层房间也拥有理想的室内热环境温度。

1	2	
3	4	5
6	7	8

2.24　荷兰鹿特丹的老年公寓

摄影：Jeroen Musch, Rob Hoekstra

这家老年公寓位于荷兰鹿特丹市郊"可持续发展中心"的 IJsselmonde。公寓拥有两座建筑，一座是既有建筑，另一座是新建建筑。新建建筑由 Arons en Gelauff Architecten 建筑师事务所的建筑工程师 Peter Stout, Bouwkundig adviesburo Baas B.V. 设计，景观设计由 Petra Blaisse, Inside Outside 工作室完成。建筑面积 1.6 万 m^2，2006 年建成。

老年公寓的两座建筑分别为：一座竖直高耸的既有"彩色建筑"和一座新建的、横跨在湖面上的建筑。后者高架在一凹湖水之上，湖水和周遍是公寓的水景花园，两座建筑适应不同的人群居住。"彩色建筑"更适宜患有抑郁症的老年人居住，建筑明亮的暖色，可以为居住者带来敞开心扉的勇气；而湖面上的建筑拥有更加湿润的空气，有利于老年人呼吸道等疾病的康复。

横跨于湖面的建筑，由多组三角支撑的柱子凌驾于水面 11m 之上。建筑立面采用了玻璃幕墙结构，玻璃幕墙外侧采用了出挑的结构构件组合。有序弯曲但不规则排列的、纵横交织的波浪形外层结构，构成了遮阳、挡雨、疏导风向的外侧功能空间。这个功能空间用金属格栅围挡，是宽大的晒台。建筑师经过对冬夏季太阳高度角的计算，玻璃幕墙与外侧结构组合，解决了夏季遮阳问题。而在冬季，建筑的出挑结构削弱了迎面冷风的直袭，并透过玻璃幕墙让更多的阳光进入室内，为室内增温。

高耸的既有建筑在节能改造时采用了彩色玻璃幕墙结构，玻璃的颜色采用了玫瑰红色和橙色两种暖色调。暖色玻璃幕墙的采用，使老年公寓拥有通透的感觉；在光感上，使人感到白天来得更早，夜晚更加明亮；暖色玻幕有利于老年人敞开心扉，在明快的心境中保持愉快的心情，逐渐克服抑郁的不良感受，安度晚年。节能改造后的建筑北立面，玻璃幕墙与居室之间留出走廊的位置，有效地抵挡冬季的寒冷和夏季的炎热直接进入内室，也是节能保温隔热的措施之一。

两座建筑的玻璃幕墙均采用了自洁性很强的玻璃，不必人工经常清洗。室内电梯可以连接新旧两座建筑，老年人足不出楼，就能够行走在两座建筑之间。

公寓内的水景花园，为居住者提供了湖水和多种花卉景观，老年人可以在花园中休闲漫步。即便是在傍晚，玻璃幕墙内的灯光也可以为景区提供明亮的照明效果，宜人的空气和花香，非常适宜老年人在这里安享晚年。

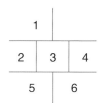

2.25 西班牙萨拉戈萨的 112 户公寓式住宅建筑

摄影：Pedro Pegenaute

112 户公寓式住宅建筑位于西班牙萨拉戈萨市的 Avenida de Ranillas，建筑面积 1.8 万 m²，由建筑师 Basilio Tobías 设计，2008 年竣工。

这座由两个侧翼形结构组成的建筑，是顺应建筑所在道路的"L"形状建成。由于建筑容纳了 112 个公寓式住宅单元而得名。建筑最初的用途是世博会的租赁公寓，世博会后成为私人公寓式住宅。延着"L 形"展开的建筑向阳面，朝向 Ranillas 大道，河流和城市中心。

112 户公寓式住宅建筑为节能建筑，采用了多项节能措施：

1. 采用浅灰色陶瓷饰面板复合保温层作为外墙构造，达到了节能建筑墙体热工系数标准要求；

2. 在建筑的南立面采用横向贯通的结构式阳台，配合居室缩进的结构形式。阳台成为下面一层的遮阳设施，缩进的居室免费享用上一层结构提供的遮阳。阳台满足了夏季遮阳与冬季得热的要求；

3. 在阳台外侧安设了固定式与推拉式遮阳百叶窗扇结合的遮阳设施，"动静"结合的百叶窗扇形建筑表皮，是提供采光、遮阳、通风、阻隔噪声等的功能层；

4. 宽大的落地窗，采用了中空玻璃窗，有利于保温隔热；

5. 屋面采用了全覆盖格栅形式，为顶层住户遮阳降温并保证有充足的自然通风通过；

6. 建筑首层被设计为类似我国南方的骑楼，在方便出入的同时，为居住者提供小憩和通风纳凉的环境。

112 户公寓式住宅建筑，在不用能源或少用能源的前提下，达到了防止强烈日照环境下的隔热、通风和遮阳的要求，为居住者提供了良好的室内热舒适环境，节省了能耗开支。

2.26 西班牙的曼雷沙住宅建筑

摄影：Hisao Suzuki

　　曼雷沙的这座建筑是带有底商的住宅建筑，位于西班牙的巴塞罗那，由 nothing architecture 建筑事务所设计。建筑面积 2500m²，2008 年竣工。

　　曼雷沙建筑拥有 20 户住宅，地下室有 31 个停车位和 20 间储物室。建筑采用了玻璃幕墙结构，便于采光、通风和开阔视野。为达到居住建筑保温隔热的节能型建筑设计要求，玻璃幕墙结构外侧采用了外立面全覆盖表皮，表皮采用的是经过亚光阳极氧化的、3mm 厚的白色穿孔铝板。采用白色作为建筑表皮的颜色，有利于反射强烈的太阳辐射。而穿孔铝板有利于使自然风随时通过金属表皮的孔隙，穿行于建筑表层，带走地中海强烈的日晒给居住者带来的太阳辐射热，并起到遮阳的作用。穿孔铝板在提供遮阳和通风条件的同时，不影响采光和居住者向外观景的需要。穿孔铝板表皮百叶窗扇以推拉式百叶窗的开启形式，按照建筑楼层分层排列，平滑和无噪声活动装置，可以根据需要打开或关闭。百叶窗表皮增加了空间的灵活度，通透性和灵活变换的建筑立面布局，也有利于居住者随时调节居室的通风量，还有阻隔劲风、缓解和降低噪声的作用。

　　在建筑表皮外侧，设置有不规则排列的外挑式露台，并采用半透明的聚碳酸酯材料作为露台围挡。外挑式露台为下面的空间遮阳挡雨；选用不同色彩的半透明聚碳酸酯材料围挡，既调整了建筑单一色调的气氛，也便于透光和采光，为建筑增添了魅力。

　　如此措施的采用，在居住者不必支付能源费用的前提下，满足了建筑的遮阳、通风、视野和隐蔽性等几方面的需求，保持了建筑周围微气候的平衡。金属穿孔表皮的效果，使建筑在白昼与夜晚，在阳光与灯光的映射下，充满了光影变换带给人们的视觉冲击力，半透明状态下的建筑，吸引了过往人们的眼球，极具美学效果。

1		
2	3	4
5		6

2.27 西班牙马德里的 Carabanchel 经济型住宅建筑

摄影：Miguel de Guzmán, Ignacio Izquierdo & coco arquitectos

Carabanchel 经济型住宅建筑位于西班牙的马德里，由 coco arquitectos 建筑设计所的建筑设计师 Jorge Martínez，Laura Sánchez Jorge Martínez 和 Laura Sánchez 设计。建筑面积 2 万 m^2，2010 年竣工。

Carabanchel 住宅建筑采用阳台作为突出于建筑立面的构件，将其作为固定遮阳设施的手法，解决了克服地中海强烈而炙热阳光曝晒的问题。当结合不停位移的阳光，去仔细观察这座建筑和这些"不起眼"的小凸台，我们才能够理解设计师的良苦用心。

经济型住宅建筑首先应该考虑的是购买者的经济实力，节能建筑当为首选，只有建设节能建筑，才能够使业主在购房之后也能够承担其建筑能耗的费用。因此，Carabanchel 住宅建筑的墙体采用了金属饰面与保温材料一体化的节能墙体，并结合立面的凸台和小开窗这样的围护结构。Carabanchel 经济型住宅建筑由于其高舒适度、低能耗和较低的能耗支出而得到了业界的好评，其特色如下：

1. Carabanchel 经济型住宅建筑的外墙选用了带有竖向纹路的淡灰色金属表皮饰面，淡色有利于反射太阳的辐射热。竖向纹路有利于迅速排走雨水，保持面层清洁；

2. 小开窗在夏季有利于阻挡过多的热量进入室内，冬季克服寒风进入；

3. 突出的小阳台无规律地布置于建筑立面，看似不规则的布局，实则是建筑师进行了对太阳高度角的位移计算，通过计算设计出了凸台，这个凸台能对建筑立面起到最佳的遮阳效果。凸台合理布阵形成的阴影，基本上做到了当夏季太阳最灼热时，取得最好的遮阳效果。随着阳光的位移，凸台的阴影也在移动，几乎全天为住户提供免费遮阳。凸台采用的是与墙体统一色彩的金属板冲孔板，朴素且有利于遮阳、通风和采光。冬季，凸台就是阳光间，供业主享用免费的日光浴。

1	
2	3
4	

2.28　意大利拉文纳的海港公寓大楼

摄影：Cino Zucchi

　　海港公寓大楼位于意大利的拉文纳，靠近拉文纳车站，是两幢相互连接的新建建筑。建筑面积4754m²，由建筑师 Zucchi 和 Partners 设计。

　　由于建筑的特殊位置，又考虑到未来发展的要求，建筑师为这两幢海港公寓大楼打造了不同的立面外观。两幢建筑面向内侧庭院的立面为一种立面风格，面向外侧的所有立面为另一种立面风格。两幢建筑由一座飞架的"桥梁"连接在一起。建筑围护结构采用了当地丰富的石材作为饰面的、石材＋保温隔热材料相结合的节能建筑墙体结构，设计师利用天然石材的自然色彩变化，使建筑立面表现出淡雅、斑驳的马赛克效果和特质，加之建筑的节能和可持续发展特性，海港公寓大楼很快就成为人们注意的焦点。

　　建筑面向内侧庭院的立面采用了外挑式横向结构构件与内缩式居室相结合的方式，横向结构形成了每层之间的通廊，上一层结构为下一层结构遮阳、挡雨，又是理想的凉廊。凉廊用纵向栏杆作挡板，通风换气效果良好。内侧的居室有了外廊的"庇护"，不必采取遮阳措施，也不会受到太阳辐射热的直接影响，室内在获得舒适的环境温度的同时，也拥有足够的采光条件。在内侧庭院，楼宇之间形成的阴影也起到相互遮阳的作用。这种利用结构构件来完成遮阳、通风、导风的节能设计，即使功能设施安全牢固，又使建筑外观简洁利落。

　　为了抵御地中海气候下炎热的日晒和炽热的劲风，建筑面向外侧的立面均开设了较小型外窗。而且只是在建筑的转角处设置了小型通风晒台。小型外窗的设置，大大减少了为空调制冷的能耗，降低了能耗支出。

　　此建筑的另一节能措施是，在建筑屋面安设了多组太阳能电池板，太阳能电池板的能源收集和利用，基本满足了居者生活用热水和节省能耗的需求。

　　海港公寓大楼采用了多项节能技术，而多项节能技术的使用是通过设计师在对热工系数、太阳高度角位移、结构构件安全等相关系数的精准计算和合理运用得以实现，根据具体情况，解决实际问题，建造节能环保的建筑值得提倡和推广。

	1	
2		3
4	5	6

2.29　匈牙利 Siofok 的 Club 218 住宅楼

摄影：Tamas Bujnovszky

　　Club 218 住宅楼位于匈牙利的 Siófok，在巴拉顿湖畔和 Szent István 大道附近。建筑面积近 30 万 m²，由 A4 studio 建筑师工作室设计，2008 年竣工。

　　Club 218 住宅楼是公寓式住宅楼，218 表示建筑拥有 218 套住宅单元；Club 则提示人们，这是一幢拥有桑拿房、游泳池、儿童游乐室以及办公室的功能综合性建筑。公寓住宅的地下几层，分布有停车场、设备间和存储用房。这个取 1/4 圆环展开的异型建筑，在设计和使用方面均体现出建筑师的功力和用心。

　　建筑师利用建筑结构构件，为建筑"编织"了逐层叠加的横向突出纹理结构与间或突出于立面的纵向结构结合的组合体。在 1/4 圆环内弧一侧是内院。横向突出结构产生了如同中国古典建筑大屋檐的效果，为相对退进的外窗结构层遮阳、挡雨，并有效防止炫光进入室内。纵向结构随着阳光移动产生的阴影，为附近的空间遮阳。

　　在向阳立面，即 1/4 圆环内弧外侧，是嘈杂的 Szent István 大道。在这一侧，建筑师用"画框"的方式，为街道提供了一幅建筑动感画面。画面中设计有突出的晒台和竖向小型外窗，外窗采用了与活动外遮阳一体化设施。这些遮阳设施是由下向上伸展的金属帘体，有利于保护隐私和采光。突出的晒台为之下的空间起到遮阳挡雨的作用。竖向小型外窗，在满足采光的条件下，更有利于阻隔来自街道的噪声并有效地抵御来自冬季寒风的侵袭。出现在晒台和室内的人们，就是画框中的动感画面，真实生动。

　　层层叠加的横向结构和动感画框，为建筑平添了美学的立体效果；横向突出的结构纹理，具有为建筑遮阳、挡雨、克服炫光并疏导风向的功能，使每一户业主都得到同样的室内热舒适品质；结构构件的利用，其可靠的安全性和节能的环保性，充分体现在对建筑朴实的外表和高品质的追求当中。建筑师的匠心独具，不得不令人叹为观止。

1	2
3	4
5	

2.30 斯洛文尼亚的 Izola 公寓式住宅

摄影：Tomaz Gregoric

Izola 公寓式住宅群由两栋立面风格相同的建筑组成，位于斯洛文尼亚的 Izola。总的建筑面积为 5452m²，由 OFIS 建筑事务所设计，2006 年竣工。由于建筑群面向 Izola 海湾，因此而得名。

Izola 公寓式住宅建筑是政府为给年轻家庭提供低成本、高节能率的公寓式住宅建筑，因此，住宅群定位在节能建筑的基础上，并尽量采用多项节能技术和措施，使住宅建筑在获得理想的室内热舒适环境的基础上，降低了建筑使用能耗，减少了采暖 / 制冷费用开支，使寸土寸金的 Izola 海湾拥有令人心向往之的、冬暖夏凉的美丽住宅。

Izola 公寓式住宅的特别之处在于其外凸的阳台。这些阳台的左右两侧安设有冲孔金属挡板，便于通风换气。阳台的上方和下方是斜坡形的，在这两个斜坡上安设有带轨道的化纤织物活动遮阳帘。由于采用了先进的染织工艺，遮阳帘色牢度可以保持十年左右的时间不会褪色。而轨道可以将活动帘体牢靠地固定，并能够使帘体在轨道内平滑、顺利地活动。结构和操控系统均达到安全系数指标，以避免海湾和季风对遮阳设施造成的坏损。建筑凸型阳台的设计，不仅是建筑立面的独特之处，其内部结构也值得一提，阳台凸出部分的下缘与室内地面平齐，有利于采光并起到对光的折射作用；建筑立面由于设置了突出的阳台而形成的凹凸的造型结构，克服了来自 Izola 海湾的强劲海风，引导海风在建筑立面盘桓，发挥出降低立面温度的作用。由于彩色遮阳帘的使用，建筑立面被装点得五彩缤纷，在深蓝色海水的映衬下，显得格外动人。

Izola 公寓式住宅其建筑内部设计也匠心独具，两幢住宅各拥有 30 套住宅单元，住宅单元的内部结构布局分为单一卧室套间到三间卧室套间的几种不同结构的户型。另外，室内不设固定隔断墙，而是由业主按照各自的需求和意愿，打造活动分隔墙。如此设计的初衷，完全是为业主的购房能力和功能需求为出发点。此节能住宅是为业主提供冬暖夏凉、采光通风和低能耗、高舒适度的可持续发展建筑。

<table>
<tr><td colspan="2">1</td></tr>
<tr><td>2</td><td>3</td></tr>
<tr><td>4</td><td>5</td></tr>
</table>

注：从室内看向室外

2.31 摩洛哥卡萨布兰卡的住宅小区

卡萨布兰卡公寓式住宅小区位于摩洛哥的卡萨布兰卡。由 AQSO Arquitectos 建筑师事务所设计，建筑面积近 5 万 m^2。

住宅小区环绕着两个半开放式庭院建造，并形成不规则的、外轮廓蜿蜒相连的建筑群。各个不同的单体建筑，其高度根据周边环境中建筑不同的高度而改变，使建筑群与周边环境密切融合。建筑室内面积从 70 ~ 160m^2 不等，为对住宅面积需求和经济实力有差异的购买者提供了多种选择。

建筑群高低不同的形态，不仅营造出现代建筑丰富的造型，还有利于小区内楼宇之间的通风和流动风的形成。

建筑突出了以每一层高度为主的、横向结构的表现形式，采用了混凝土与聚碳酸酯结合的虚实相间的结构表皮。并且，在建筑面向街道与背街的立面，设计出不同的表达形式。

在建筑面向街道的立面，采用了住宅外窗缩进、外廊外侧与外立面平齐的造型。立面外侧安装有垂直的聚碳酸酯材料推拉板，推拉板为缩进的外窗构成遮阳设施，安全牢靠。半透明材质的聚碳酸酯推拉板，克服了太阳直设的炫光，可以满足采光要求。推拉板的开合，决定着进风量的大小。外廊成为住宅与外界的温差过渡凉廊，也便于邻里之间的沟通。

建筑背向街道的立面，也采用了与面街立面类似的、虚实相间的结构表皮结构，不同之出在于，在这个立面设置了不规则排列的外挑式独立的阳光间。暗红色阳光间饰面，恰似放置在安达卢西亚阳台上的花盆，为建筑增添了无穷韵味。

建筑群令人称赞的另一节能环保措施，是在不同高度的楼顶采用了绿色种植屋面，种植屋面有效地为顶层住宅起到保温隔热的作用。不必专门打理的耐候植物，为建筑群之间增添了绿色，也优化了小区的空气环境质量。

```
        1
  ┌──────┴──────┐
  2  │  3
```

2.32 墨西哥的 temistocles 12 号住宅楼

摄影：Paúl Rivera (PR), Mariana Ugalde (MU)

temistocles 12 号住宅楼坐落在墨西哥的 col. Polanco, Mexico D.F.，建筑面积 1892m²，由 jsa 建筑师事务所的建筑师：Javier Sánchez – Juan Soler, Diana Elizalde, Angelica Soberanes, Enrique Salazar, Ana Luna, Alejandro Ita 集体设计，2006 年竣工。

12 号住宅楼拥有 9 套住宅单元。建筑立面布局简单，结构简洁，但是，在极具个性的、简洁的结构中蕴涵了智慧的节能设计，使建筑成为不简单的可持续发展范例。

住宅建筑采用钢筋混凝土 + 退进式中空玻璃幕墙结构，并采用了相对外挑的框架结构立面。外立面中部被设计为鱼骨般的中央凸出、两边向外侧逐渐平齐的框架形式。这样的结构构成了建筑的固定外遮阳系统，在满足室内采光的前提下，有利于建筑的冬季得热和夏季隔热，同时起到很好的遮阳作用。中央凸出的结构形式，还克服了炫光入室。外凸的结构还起到保护隐私的作用，同时，可以将盆栽植物放置于此，起到美化环境、辅助遮挡阳光进入室内的作用。

宽大的落地窗，由于采用了中空玻璃幕墙，玻幕外侧采用了与结构构件走向一致的玻璃围挡，采光充足，室内没有采光死角。

仅仅是利用了立面结构的凹凸形状，就解决了诸多功能方面的需求，这些安全可靠的措施，降低了建筑造价，节省了能源支出，给居住者带来舒适的室内环境温度。建筑内部不做固定分隔，由业主入住后自行设置室内区域。室内楼梯设置在建筑中部，由一层直接通向不同楼层的不同房间和顶层。楼梯顶部设置有采光井，为楼梯采光、通风。

建筑周围种植了大量的落叶树木，夏季，室外高大树木枝叶是建筑遮阳的又一屏障；冬季，树叶脱落，温暖的阳光照耀下的建筑，可以得到免费的日照，为建筑增温。

	1	
2		3
	4	

2.33 墨西哥科洛尼亚的 Kiral 公寓式住宅

  Kiral 公寓式住宅建筑位于墨西哥城的科洛尼亚，与墨西哥城最重要的文化和旅游中心的 Reforma 大道仅几个街区之隔。建筑由 Arqmov 设计工作室设计。

  Kiral 公寓式住宅的建筑外形具有独特的吸引力和节能设施功能，建筑外侧波浪般起伏的表皮，是分层安设的格栅。动感的造型，削弱了墨西哥强劲的风势，使迎面来风得到缓冲，而格栅的设置更是切割和阻挡了墨西哥灼热的日晒。看似随意设置的波浪起伏造型和格栅表皮，实际上是经过了认真计算后的结果：根据太阳高度角的位移，表皮造型突出的部位，正好是为自家阳台和下一层遮阳的极佳位置；而立面造型退进的部位，恰好起到引风入室的作用。格栅表皮分层设置，也是良好的遮阳设施，在夏季遮阳的同时，既满足了室内采光，又克服了炫光，并且有利于在冬季让温暖的阳光照射进室内。也是保护隐私的屏障。

  在建筑内部设计了采光井，楼梯间被设计在采光井内。采光井四周不论是内部的玻璃隔墙，还是层间楼梯，由于有采光井的采光和周围物体的反光，采光井的亮度可以达到行走者的需要，而不必安设人工照明灯具，也是节能措施。

  在建筑设计师的精心设计、计算和安排下，Kiral 公寓式住宅建筑立面造型与格栅表皮的有机结合，保证了建筑室内的热舒适环境条件，节省了居住能源开支，有利于建筑的节能减排，成为可持续建筑的成功典范。动感十足和光影变换的建筑外形，也为此地区的城市景观增添了一抹新鲜的美感。

注：从采光井看屋顶

1	2
3	4

2.34 美国洛杉矶的 Cherokee Lofts 小型住宅楼

摄影：Tara Wujcik

  Cherokee Lofts 坐落在美国加州的洛杉矶，是一座在 2009 年进行了节能改造的小型住宅楼，建筑面积 1905m²。业主为 REthink Development Corp.。Cherokee Lofts 曾经是集居住与家庭录音工作室与一体的多功能建筑，从 Frank Sinatra 到 David Bowie，再到 Dave Mathews 都曾在这里灌制音乐唱片。Cherokee Lofts 由几个不同的复式户型组成。单元内面积从 93 ~ 186m² 不等。每个户型内均有起居室、卧室、厨卫、客厅、浴室和家庭工作室。建筑的节能改造设计由 Pugh+Scarpa 建筑师事务所完成，结构设计由 BPA Group 完成。

  节能改造后的建筑，在向阳立面采用了玻璃幕墙 + 金属织网表皮的结构形式，金属织网表皮由多个可折叠的窗扇构成。这层表皮可以满足室内采光和通风的需求，并可以起到为建筑遮阳、克服炫光入室和保护隐私的作用。当表皮的窗扇折叠时，形成了另一层遮挡屏障，其阴影使遮阳作用倍增。

  建筑本体与表皮之间留出适当的距离，是通风散热的又一措施。冬季，将表皮的金属织网窗扇关闭，形成的空气层起到保温作用，节能、环保，更加有利于满意的室内热舒适环境的形成；夏季，金属织网表皮营造出遮阳、通风的环境，大大降低了空调制冷能耗。

  建筑背阳面设计有横向通长的矮窗，完全满足了读书、餐饮等个人空间的采光和通风要求。

  节能改造后的 Cherokee Lofts 是好莱坞地区第一个获得 LEED 黄金认证的建筑，也是南加州第一个获得 LEED 黄金认证的多功能建筑。

1	2	
3	4	5
6	7	

2.35 加拿大蒙特利尔的"人居 67"住宅群

　　"人居 67"住宅群位于加拿大的蒙特利尔，是由预制"盒子间"构件构筑而成的高密度连体公寓住宅群。"盒子间"预制构件最初的构思来自 Moshe Safdie 的硕士论文，最终在工程师 August E. Komendant 的帮助下，作为 1967 年博览会的内容而实现，并成为创新性使用预制构件创造高密度住宅社区的典范，获取了 2009 年 3 月由魁北克政府颁发的历史纪念碑奖状。

　　经过精心设计和计算，利用预制混凝土构件且拥有 16 种不同住宅套型布局的建住宅群在蒙特利尔建成，住宅面积大小在 56 ~ 167m² 之间。

　　从建筑群面街的一侧来看，这座看似随意堆砌的建筑造型集成群落，其实是按照规律排列的。错落有致的房间布局，为每一户住宅单元提供了户外晒台，并在"无意"中通过相互遮挡，遮蔽了夏日炎炎的太阳辐射，又"剪碎"了冬季的寒风。错落布局中的通透部分，构成让天然风自由通过的"走廊"，夏季又为这里的居住者提供充足的自然风源。

　　建筑群背街一侧，则布置有多个人行通道和室外楼梯。居住者可以从任何一个入口、通道或楼梯到达自己的居住单元。楼梯上方安设有聚碳酸酯覆盖层，用来遮阳和挡雨；建筑构件的相互遮挡下形成的阴影，也起到对通道和楼梯的遮阳作用。在建筑群的不同楼层还分布有一些露天的公共场所，人们可以足不出楼，就有相互交流的户外空间。

　　"人居 67"住宅群建筑独特的构思和巧妙的布局，既解决了夏季防热问题，又降低了建造成本，还减少了夏季制冷能源费用，并获得了理想的室内热舒适环境，是一举多得的可持续发展建筑。

```
      1
   2  |  3
   4  |  5
```

2.36 芬兰赫尔辛基的 Muurikuja 壹号住宅楼

摄影：Jussi Tiainen

  Muurikuja 壹号住宅楼位于芬兰首都赫尔辛基。由 ARK-house Architects 建筑师事务所设计，艺术设计由艺术家 Martti Aiha 完成。建筑面积 8630m²，2010 年建造。

  Muurikuja 壹号住宅楼采用了保温隔热材料与竖向波纹彩钢板装饰一体化的节能外墙。竖向波纹金属饰面有利于排去雨雪，保持自洁。建筑的向阳立面设计有一个块体面积突出于建筑本体的部分，并采用了色块拼贴的装饰风格：在建筑本体冷色的背景下，突出了橙红和橙黄暖色的色块。暖色立面采用了狭长的竖向落地外窗，狭长的造型在满足室内采光需要的同时，有利于冬季保温和夏季阻热。向阳面外窗与侧面外窗结合，营造出良好的通风条件，尤其是在夏季，充分体现出通风并遮挡强烈的太阳辐射热的优势。在赫尔辛基漫长的白昼季节，有效地降低了强烈的光照带给人们的不适感。

  Muurikuja 壹号住宅楼的阳台和楼内步行楼梯被设置在建筑的东西两侧。阳台采用活动式普通玻璃封闭，有利于自然风穿行。步行楼梯外侧则采用了聚碳酸酯材料封闭。用彩色 Huuru 喷砂模式喷涂了红、橙、黄、绿的色彩，在白昼，为内部提供无炫光的采光；在夜晚，楼内的灯光透过半透明材料映照的出丰富色彩，吸引着人们的眼球，为建筑增添了立体感和魅力。

  由于是公寓式住宅，周边有许多办公建筑和一些 1990 年代的预制构件住宅建筑，因此，Muurikuja 壹号住宅楼的出现，为这个社区带来了现代化气息，增加了亮点。节能舒适的室内热环境温度和低廉的能耗支出，也是此建筑吸引人的特色之一。

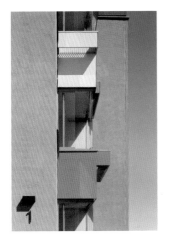

1	2
3	4
5	6

2.37 丹麦的筒仓改建住宅

摄影：Julian Weyer

这座由废弃的方形工业筒仓改建的住宅建筑位于丹麦 Aarhus 以北的 Løgten 镇。改建后的建筑拥有 3000m^2 的住宅和 1500m^2 的多功能城市中心，成为达到 21 世纪建筑质量标准的"层叠式别墅"。由 Christian Carlsen Arkitektfirma 建筑师事务所完成改建设计，2010 年竣工。

建筑师保留了筒仓原有的筒形主体作为居室，并在筒仓的南、北两侧加筑了预制混凝土"盒子间"。"盒子间"拓展了住宅面积，在功能上作为起居室，并具有保温隔热作用：北面的"盒子间"为卧室阻挡冬季来自北面的寒风；南面的"盒子间"为卧室阻挡夏季来自南面的骄阳照耀。突出于建筑西侧立面的阳台，使来自夏季下午的炙热阳光不能够直接穿堂入室，有效避免了室内温度增高，同时，出挑的阳台又起到为下一层住宅遮阳的作用。

如此设计，使这座建筑在拥有合适的室内热舒适条件的同时，节约了采暖和制冷能源，减少了建筑能源开支，一举多得。

独特的外挑结构，为每位业主提供了优越的观赏周围景观的阳光房，在不同的时间段，足不出户就可以享用绚烂阳光和奥胡斯湾的湖光景色。建筑不同高度的阳台，涂有不同色彩的涂料作为内墙饰面，无论昼夜，无论在阳光还是灯光的照射下，都呈现出浓郁的浪漫感，令人眼前一亮，为建筑单一的白色外立面增加了斑斓的魅力。

预制混凝土"盒子间"构件，运输、安装迅速快捷，基本无施工垃圾，是节能的另一措施。

改建后的"层叠式别墅"底层是公共空间、超市，住宅周边有公园。入住的居民能够随时享受到生活在城市中心的方便，也同时拥有了清净雅致的环境。

```
          1
  ┌──────┬──────┐
  │  2   │  3   │
  ├───┬──┴──┬───┤
  │ 4 │  5  │ 6 │
  └───┴─────┴───┘
```

2.38　瑞典斯德哥尔摩的青年公寓

摄影：Tomaz Gregoric

　　青年公寓是拥有 78 个住宅单元的公寓式住宅建筑，位于瑞典斯德哥尔摩南部郊区的 H·gdalen 区中心附近，由 SBC 建造。

　　建筑师为这幢年轻人居住的建筑设计了两种风格的立面。临街的立面是向阳面，被设计成外展的横向结构与纵向遮阳表皮结合的、具有丰富"表情"的立面；而背街的立面则被设计为带有突出阳台和户外旋梯的风格。

　　当我们细细品味时，发现这两种不同风格有着统一的目标：节能降耗，打造可持续发展建筑。

　　向阳立面外展的横向结构，使每一层住宅与表皮之间形成一道通廊。外展横梁在阳光照射下形成的阴影，是退进式住宅的构件遮阳设施。阴影部分的定位和位移是经过对太阳高度角的准确计算所得出的，在夏季，可以对住宅起到很好的遮阳作用，而冬季，却不会影响温暖的阳光照射进室内。这道通廊在夏季是凉廊，在冬季是充满阳光的太阳房，起着室内外温差过渡区域的作用。横梁外侧的表皮，采用了半透明的 linite 玻璃与普通透明玻璃纵向相间铺设的方式，这层表皮是遮阳的又一屏障，在遮阳的同时，还可以满足居室采光的要求。表皮上开设有若干个细小却密集的活动通风口，居住者可以根据需要开启或关闭通风口，以调节换风量。外挑的屋檐和建筑东西两侧的纵向外挑结构，也为建筑起到遮阳作用。为减缓来自街道的噪声，建筑从首层到二层安设了镂空隔音板装置，有效降低了噪声对居住者的影响，并保持通风环境，对住户的隐私也起到保护作用。退进式住宅立面被装饰成姹紫嫣红的色彩，符合了年轻人活泼向上的激情，在夜晚廊灯的照射下，形成了一道道彩虹，成为 H·gdalen 区一抹迷人的风景线。

　　建筑背街立面选择了金属饰面与保温隔热材料一体化的复合式节能墙体，带有细密波纹的淡灰色金属饰面具有亚光效果，克服了反射或折射的眩光对环境的光污染。突出于建筑立面的阳台和户外旋梯，采用了暗红色金属冲孔板作围挡，便于通风，也有利于克服炫光。凸出于立面的阳台对下部空间起到遮阳作用。外挑的屋檐和立面西侧的纵向外挑结构是遮阳的结构设施，有效地为顶层和西侧住宅遮阳。这一侧立面的整体风格和色调也使人耳目一新。

1	2
3	4

2.39 挪威卑尔根的 Verket 住宅群

摄影：Hundven-Clements Photography

　　Verket 住宅位于挪威的卑尔根，面临 Damsgårdsundet 港湾。建筑面积 3.2 万 m²，由 Link Arkitektur 设计师事务所设计，2012 年竣工。

　　由于该住宅群紧靠 Damsgårdsundet 港湾，由四座低矮建筑组成，建筑师选用了与湛蓝色海水有强烈对比度的纯白色或白色主体与橘红色窗框结合的色调。为便于观赏大海的景观，建筑均采用了大开窗，并选用彩色玻璃与斑点玻璃结合的外窗玻璃。这些玻璃的选用不仅仅是为了与大海形成色彩的对比，更有利于克服炫光，提高人们的感觉兴奋度，以适应挪威或昼长或夜长的地理气候特点。

　　建筑师还为 Verket 住宅群采用了多项节能措施：

　　建筑采用了框架式钢筋混凝土结构表皮，这种表皮形成的阴影正好是内侧住宅的遮阳设施；橘红色、突出于建筑立面的窗框，也形成了对内部遮阳的阴影，是固定外遮阳构件设施。这两种遮阳设施，结构安全可靠，可以承受住挪威冬季暴雪的袭击和荷载；这种移动的采光和遮阳可以全天候为建筑服务；

　　高大宽敞的落地窗采用了 Low-E 玻璃，克服炫光入室，有效地遮挡了漫长冬季强烈的紫外线对居住者的干扰；建筑立面彩色玻璃和彩色斑点玻璃的利用，也是克服炫光、反射或削弱阳光和雪光对室内影响的一项措施；

　　为进一步克制冬季冷空气和寒风对室内的降温影响，建筑北侧立面均设计有室内回廊。这个过渡区域是室内保温隔热的保护层，降低了回廊内侧居室的采暖能耗，留出了明亮的、不必采暖的室内活动空间，一举两得；

　　Verket 住宅群建造在卑尔根从工业区转型为住宅和商业区的时代，建筑也颇具工业化坚硬、平直的结构特色，但明快的色彩正是吸引人们驻足和前往的关键所在。Verket 住宅群占据了位于峡湾和山脉之间的优良地理位置，在这里可以饱览海湾美景，同时其还拥有距离市中心和大学很近的商铺和咖啡馆。风景秀美、生态环保、生活便利是 Verket 住宅群突出的优势。

1	
2	3
4	5

2.40 澳大利亚 Monash 大学的 Clayton 学生公寓楼

摄影：Courtesy of BVN Architecture

Clayton 是拥有 300 套学生公寓的两座 5 层的住宅楼，坐落在澳大利亚 Monash 的 Monash 大学校园内。每个 20m² 的学生公寓套间内，安排了寝室和小厨房。公寓门厅是酒店大堂式服务设施，提供学生生活所需。学生公寓楼由 BVN Architecture 建筑师事务所设计，并获得了"五星级绿色建筑"的称号。

两座住宅建筑各自呈钝角造型，共同围合成四个角度向外开放的菱形。菱形的中心部分是宽阔的中央庭院，也是露天公共活动中心。从中央庭院可以直接到达学生们各自的宿舍。

Clayton 学生宿舍楼的特色为：

建筑的菱形排列，使每一幢建筑的每一个立面都不直接朝向东南西北四个方向，完全避开了夏季来自太阳的直接照晒；同时，极大地削弱了冬季来自南面的寒风对建筑的降温影响，十分有利于建筑在冬夏季节降低用于采暖或制冷空调的用能。仅建筑布局的巧妙安排，就是节能降耗的极佳措施；

除了在布局方面避开了不利的得热和降温因素之外，每幢建筑的外立面也进行了节能设计。在建筑朝向庭院的一面，采用了以横向结构为分层主线的结构形式，以每一个住宅单元外窗为单体的结构形式，将每一层立面的窗间板连续按照"W"形错层排列。并采用 Low-E 玻璃窗与窗间板错位结合的外窗结构，在避开炫光入室的同时，起到遮阳和满足采光的作用，并对太阳的直射和寒风的直袭起到进一步削减作用。窗间板有利于保护隐私；

学生宿舍背向庭院的建筑立面和山墙，采用了玻璃幕墙与表皮的结构形式。纵向网格金属全覆盖的表皮，耐候性强，安全牢固，具有对建筑的遮阳和对其内侧玻璃幕墙保护的作用。对保证室内舒适的温度环境、充足的采光、保护隐私和缓解室内外温差等方面，都起到积极的作用，也是节能的有力措施；

宿舍楼内的步行楼梯间，均被安置在背向庭院一侧。楼梯间与宿舍之间形成的过渡区域，也作为室内外的温度过渡区域，有利于缓解室内外温差给人们带来的不适，并保护居室温度尽量少地受到外界温度变化的影响。

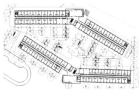

```
        ┌──────────────┐
        │      1       │
    ┌───┴───┬──────────┤
    │   2   │    3     │
┌───┴──┬────┼────┬─────┤
│  4   │ 5  │ 6  │  7  │
└──────┴────┴────┴─────┘
```

2.41 墨尔本的月神公寓住宅楼

月神公寓住宅楼位于澳大利亚墨尔本的 Kilda 大街，由设计师 Elenberg Fraser 设计。

月神公寓住宅楼采用了金色 Low-E,镀膜玻璃幕墙与聚碳酸酯全覆盖表皮相结合的围护结构，充分体现出节能建筑的优越性：

Low-E 镀膜玻璃幕墙克服炫光进入室内，且有利于冬季室内得热；玻璃幕墙结构使室外景色一览无余，同时克服了室外对室内观望的可能，可以充分保护居住者的隐私；居住者打开落地窗就能够享受到自然风的清凉，十分有利于夏季通风降温；

全覆盖表皮选择聚碳酸酯这种半透明的耐候材料，对室内外兼居克服炫光的作用，不会给居住者带来强光的干扰，也不会给周遭带来强烈反光的不适。只要设计的厚度合适，聚碳酸酯是理想的保温隔热、遮阳、兼具采光的上好材料，而且安全、结实、造价相对低廉，不论冬夏，都可以为建筑室内热舒适环境起到冬暖夏凉的屏障作用。全覆盖表皮采用的是可折叠的活动方式，为其内侧的玻璃幕墙结构提供了良好的遮阳作用；拉动可折叠的聚碳酸酯屏障，就可以让自然风穿行，调节住宅室温；

全覆盖表皮与玻璃幕墙之间形成的开敞通透的回廊，是室内外温差的过渡带，也是住宅的保温隔热层，对人和建筑都十分有利；

玻璃幕墙与保温隔热表皮的有机结合，是推动节能建筑向更高质量、更低能耗迈进的有效技术措施，体现了当代高档住宅建筑的可持续发展方向。

1
2
3

2.42　澳大利亚悉尼的 CODA 公寓式住宅楼

摄影：Patrick Bingham-Hall

　　CODA 公寓式住宅楼位于澳大利亚悉尼的 Epsom Road 路 33 号，建筑面积 3748m²，建筑师为 Stanisic Associates，室内由 L3 Design 设计，2009 年建造。

　　CODA 建筑被设计为"S 形"，这种造型除考虑建筑的稳固性之外，还考虑了整幢建筑的遮阳措施和效果。建筑的创新点是在北立面和东北立面（南半球的北面相当于北半球的向阳面），为每一个住宅单元设计了阳光间。经过对日照角度和辐射强度计算，阳光间可以在夏季为北立面和东北立面的房间遮阳，冬季可以为建筑获取更多的阳光为建筑内部增温。阳光间淡化了建筑外部与内部的空间界限和温度偏差，为室内调节环境、改善舒适度、克服炫光、降低了建筑能源消耗；还为住户提供了温度适宜的活动空间，并且，在冬季可以养花，夏季就是廊庭。阳光间的落地玻璃窗采用了中置遮阳百叶，百叶的遮阳叶片角度可以根据需要调节；窗扇也可以根据住户的不同需要打开或关闭。整幢建筑可以从各个不同位置和朝向充分满足通风和遮阳乃至遮蔽的需求。

　　建筑南侧采用了金属饰面保温一体化的节能外墙。在建筑内部，设置了在同一楼层贯通的连廊，连廊内侧是居室。连廊有效地抵御冬季寒风的侵袭，缓解了室内外温差，避免了炫光入室。连廊外侧安设有推拉窗，可以满足通风换气的需求。

　　外挑的屋面也是 CODA 建筑的特色之一。在建筑屋面设置了宽大的外挑式屋檐，为顶层住户甚至整幢建筑起到遮阳、挡雨的作用，利于疏导自然风在建筑立面循环，是节能的又一措施。

1

2

3

3

高层和超高层建筑遮阳案例

3.1　上海市的朗诗上海虹桥绿郡

摄影：李小多

朗诗上海虹桥绿郡位于上海市中心，是集成了多项顶级绿色住宅技术的高端绿色科技住宅小区。2014年竣工。

朗诗上海虹桥绿郡住宅小区以高层住宅建筑为主，均为节能建筑。在建筑规划和设计初始阶段，就考虑了建筑遮阳设施，并选用了与外窗附和的活动卷帘和百叶的外窗-附和外遮阳的节能外窗形式。

本案例仅介绍朗诗上海虹桥绿郡住宅建筑当中外窗与活动卷帘附和体240m² 面积的外遮阳设施。根据建筑高度不同，选择了两种外遮阳设施：高层建筑采用了抗风压强的外窗-活动卷帘附和体；多层建筑则采用了更加灵动、视觉通透的外窗-活动外百叶附和体。并将遮阳设施的活动卷帘帘盒、百叶帘盒和边轨均隐藏于建筑外墙内，内嵌安装方式与外挂大理石端立面平齐，使建筑立面与外遮阳设施协调统一，美观简洁。

建成后的住宅建筑，在立面美学、风格、色彩以及遮阳设施与外窗的有机结合等方面，达到高度的统一。居住者在享受幽雅居住环境的同时，也享有舒适的室内热环境温度，节约能源，降低了建筑能耗费用开支，得到人们的好评。

1	2
	3

注：活动外遮阳框架安装细部

3.2 江苏省南京市的南京万科金域蓝湾住宅小区建筑

摄影：李小多

南京万科金域蓝湾住宅小区位于南京市江宁经济技术开发区，在双龙大道以东、清水亭东路以北。建筑面积近 70 万 m^2，活动外遮阳卷帘面积约 0.8 万 m^2，2013 年竣工。

南京万科金域蓝湾为高档住宅小区，小区内多为高层和超高层建筑，最高的建筑层高为 33 层，均为节能型居住建筑。小区内建筑在建筑设计时，也同时将遮阳设施设计在内，在建筑的南向、西向、东向立面，采用了外窗与活动外遮阳附和的节能窗。遮阳产品选用了全智能化控制系统及手动皮带拉升结合的活动外卷帘，铝合金硬卷帘选用了厚 37mm 的金属材料，在 33 层高的户外，达到了抗风强度要求。遮阳卷帘的帘盒与外窗上缘结构构件完美结合，不会影响建筑美学外观；遮阳帘体被严格控制在轨道内滑行。结构安全可靠，抗风压能力强。

由于小区建筑的建筑设计与遮阳设计是同步进行，并采用了协调的色彩对建筑外立面、外门窗、活动外遮阳设施进行颜色搭配，建成后的小区建筑，在建筑节能、室内热舒适环境和建筑美学方面的效果都很突出，是环境优美、适宜人居的典型。

1	
2	3
4	5

3.3 江苏省南京市的绿地紫峰公馆

摄影：李小多

绿地紫峰公馆位于江苏省南京江宁东山老城中心地段。由 14 栋 17 ~ 18 层高层单位组成，建面约 18 万 m²，附和式遮阳卷帘面积近 0.5 万 m²，2013 年竣工。

绿地紫峰公馆是高层住宅建筑林立的高档住宅小区，小区内建筑均为节能建筑，在节能建筑的基础上，应用遮阳设施，是节能减排、获得高质量室内热舒适环境、降低"城市热岛效应"的极佳技术手段。

绿地紫峰公馆住宅建筑采用了外墙保温板材与外挂装饰石材结合的节能外墙，并在建筑的南向、西向和东向立面，均采用了遮阳设施。由于在建筑规划和设计初始阶段就考虑了遮阳问题，建筑选用了外窗与电动卷闸遮阳帘结合的附和式节能外窗，将遮阳帘体卷帘盒安置在建筑外墙装饰石板内侧，因此，遮阳装置不会对建筑外观和美学效果产生负面影响；同时，遮阳帘体选用了与建筑外立面协调的颜色，帘体在或收、或放的任何状态，也不会对建筑立面形成色彩效果产生冲突；电动操作系统被安装在室内，与人工电源开关安装在同一区域，并附带可移动操作的遥控器，对于遮阳设施的操作方便、快捷，帘体移动噪声小，反应敏捷，做到对室内人员的最低程度的影响。

1	
2	3

3.4 江苏省南京市的仁恒·江湾城小区

图片来源：尚飞（中国）公司、南京二十六度建筑节能工程有限公司

南京市仁恒·江湾城住宅小区位于江苏省南京市乐山路 198 号，建筑面积 68.7 万 m^2，遮阳面积 7500m^2。该项目由南京市建筑设计研究院有限责任公司设计，2012 年竣工。

仁恒·江湾城住宅小区为超高层居住建筑群，由 28 层、30 层、31 层及 32 层的居住建筑群组成。为结合节能建筑要求，并达到室内热舒适环境条件，建筑设计单位在设计初期就将建筑遮阳纳入设计原则之中。

考虑到安全方面的要求，建筑开发单位与遮阳企业进行了长达一年半的技术研发和探讨，解决了遮阳系统安装方式与建筑美学的表达、遮阳方式选型与幕墙的配合、铝合金卷帘与电动控制系统的兼顾和结合，最终选用外窗与铝合金卷帘活动外遮阳结合的系统复合体，解决了以上诸多问题。并在关键技术环节上，采用了优质微型电机，解决了铝合金卷帘噪音大、罩壳包厢重量重、安全性低等问题。尤其在建筑群当中最高的、紧邻长江的 32 层建筑上，成功使用了外窗与活动外遮阳的有机结合，在获得室内舒适度的同时，达到当地建筑节能设计要求，使建筑成为审美与可持续发展建筑的复合体。

铝合金卷帘活动外遮阳系统由外窗外侧的轨道导引，不会产生安全隐患；卷帘的帘片之间留有适当的距离，有助于采光、通风。活动外遮阳卷帘是在室内操作的电控系统，无论冬夏，住户均可以根据自己的需要，随时将帘体展开或收起。夏季，帘体的垂放程度就是遮阳和采光幅度；根据自己居室所在楼层和日光移动，随时调节外遮阳对外窗的遮挡范围，就可以得到满意的遮阳效果。冬季夜间，将活动外遮阳帘体完全展开，等于给外窗增加了保温层，有利于室内温度平衡。

1	
2	3
4	5

3.5　江苏省南京市的招商·雍华府住宅小区

图片提供：南京二十六度建筑节能工程有限公司

　　南京市招商·雍华府高档住宅小区位于南京市建邺区泰山路。总建筑面积 18.8 万 m^2，遮阳面积 0.85 万 m^2。由南京长江都市建筑设计股份有限公司设计，2012 年竣工。小区住宅建筑均为高层或超高层建筑，共有 9 幢住宅建筑，其层高分别为 10 层、21 层、28 层、29 层和 31 层，主要以超高层建筑为主。

　　招商·雍华府高档住宅小区的建筑均为节能建筑，达到当地最新建筑节能设计标准，并在此基础上，采用了外窗与玻纤复合卷帘外遮阳结合的外窗-遮阳复合体。此活动外遮阳系统是门窗生产企业与遮阳产品企业为这个高档住宅小区联合研发的产品。外窗 – 遮阳系统在外窗外侧安装了遮阳帘导轨，抗风压设计在 1500 帕以上，满足遮阳帘体不会在大风状态下脱轨的标准要求。玻纤复合遮阳帘选用进口面料，这种面料不变形、不脱色，色牢度在 10 年以上。机械编织的面料，遮阳系数达到 0.12，透光率和孔洞率均达到遮阳产品标准。这项联合研发外窗与活动外遮阳复合体系统，遮阳效果明显，通风透景，大大提高了室内舒适性，打破了面料产品不能使用在 11 层以上的惯例。

1	
2	3
4	

3.6 新加坡的 Ardmore 公寓大楼

摄影：Iwan Baan

　　Ardmore 公寓大楼毗邻新加坡的 Ardmore 公园，因此而得名。公寓大楼由 UNStudio 建筑师事务所设计，立面设计由 Ove Arup 完成。Ardmore 公寓大楼建筑面积为 5625m²，2013 年竣工。

　　高耸的 Ardmore 公寓大楼靠近新加坡乌节路的高端商品购物区，别致的立面设计给人们留下深刻的印象，设计师 Ove Arup 在建筑的向阳一侧采用了突出构件环抱的形式，将建筑立面设计为凹凸成型的建筑立面。这个立面构思与香港力宝中心大厦似有异曲同工之妙。

　　Ardmore 公寓大楼在平面上采用了"十"字布局形式，这种布局有利于随着阳光移动，建筑主体突出部位为凹进部位遮阳。经过精心计算的、凹凸的建筑立面，在丰富了建筑造型的同时，在夏季，对强烈的太阳辐射起到遮阳作用；在冬季，并不影响温暖的阳光进入室内。有了针对冬夏两季的增温和遮阳对室内热舒适环境的有效措施，建筑设置了落地大开窗，同时关照了采光、克服炫光入室、免费遮阳和对外观景等几方面的效果。

　　Ardmore 公寓大楼的外窗和小型采光窗静卧在突出的建筑构件下方，在享受免费遮阳效果的同时，构件遮阳不会对建筑、居住者和街道的行人带来安全隐患。建筑丰富的立面和边角处的造型，是结实牢固且有利于导风的弧形，如此造型使建筑不会使人感觉生硬。白色的立面装饰色彩，有利于反射夏季强烈的太阳光照，降低了建筑对辐射热的吸收，也是节能的一项措施。公寓大楼建筑的西侧立面和西南侧立面的外窗外侧，设置了构件格栅，便于通风且同时兼具遮阳效果。

　　新加坡建筑法规不但规定了高层建筑的高度和面积，还要求必须重点考虑住户的观景视野。因而 Ardmore 公寓大楼的架高式设计从整体上整合了这些设计要求，优化了设计理念，同时也为业主提供了节能的生活环境和丰富的外视景观。同时，架高式、通透的首层是公共活动空间，在良好的通风环境中，还设置了遮阳伞和茶座，供在此休闲的人们享用。

　　Ardmore 公寓大楼可持续发展的建筑理念，为居住者提供了诸多节能措施，使业主尽享免费的室内热舒适环境，经济实用。彰显出公寓建筑节能环保的突出优势。

1		
2	3	4
5		

注：1988 年建成的香港力宝中心大厦，由建筑师保罗·罗道夫 (Paul Rudolph) 设计。建筑外立面用凹凸的复杂体量组成单元式构图，其外形与正在爬树的树袋熊相似。

3.7 泰国曼谷的 IDEO Morph 38 公寓楼

摄影：W Workspace, Spaceshift Studio

IDEO Morph 38 公寓包括一幢 32 层的超高层高层塔楼（Ashton）和一幢 10 层高的复式塔楼（Skyle）。建筑坐落在泰国曼谷 10110 的 Sukhumvit 38, Phra Khanong, Khlong Toei。建筑面积 3.7 万 m²。由 Somdoon Architects 建筑事务所设计，首席建筑师为 Punpong Wiwatkul, Puiphai Khunawat，2013 年竣工。

在泰国这样的东南亚国家，如何面对炎热的气候和强烈的日晒是建筑师首先要考虑的问题。同时，建筑不必考虑冬季室内热量外逸的问题。又由于公寓式住宅楼多为年轻人居住，还需考虑他们对建筑能耗支付的能力问题。因此，建筑师对 IDEO Morph 38 公寓在节能、降耗和室内热舒适度方面下足了工夫，主要措施如下：

1. 采用 Low-E 玻璃幕墙：解决了建筑的采光、克服紫外线和炫光入室和对外观景问题；

2. 采用结构构件遮阳措施：对于超高层公寓楼，设计师在建筑向阳面将一部分玻璃幕墙，设计为纵向贯穿几层的外飘式幕墙。外飘式幕墙的东、西两侧设计了伸出立面的混凝土结构构件作为围挡。不规则排列的纵向外飘式幕墙组成系列，成为建筑立面的遮阳设施，外飘式幕墙在阳光下形成的阴影，解决了建筑遮阳问题。同时，遮阳设施又可以引导自然风进入室内，增加了室内通风量。利用结构构件解决遮阳问题，安全牢固，排除了飓风对遮阳设施造成的威胁，遮阳又通风，降低了空调能耗支出。纵向结构还有利于在多雨季节对雨水快速排除，一举多得。

对于相对较低的公寓楼，设计师在建筑向阳面采用凸出于立面的混凝土结构构件遮阳的手法，在玻璃幕墙外侧设置了一些造型别致的外凸构件，这些构件就是遮阳设施。结构安全可靠，兼具导风作用。这座公寓楼的东西侧立面均设计有凸出立面的阳台，这些阳台解决了人们足不出户接触大自然的需要，也为下面的空间遮阳；

3. 采用攀爬植物为建筑遮阳：绿色攀延植物的种植，解决了建筑东、西方向立面的遮阳问题。在泰国温暖的气候下，攀延植物快速生长，直接为建筑遮阳。业主还可以根据需要，修剪自家外窗周围的植物，或使外窗整体外露，或使外窗半遮半掩。种植植物还是免费保护隐私的措施之一。

由于采取了以上几项节能环保措施，建筑造价适宜，室内热舒适环境良好，入住后能耗费用相对较低，得到了业主的充分肯定。

1	
2	3
4	5	6

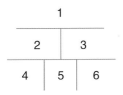

3.8 泰国曼谷的安普里奥住宅大厦

摄影：Kiattisak Veteewootacharn & Krissada Boonchaloew

安普里奥住宅大厦位于泰国曼谷的素坤逸路 24 号，建筑面积 7 万 m²，是一座超高层住宅建筑，由 Architects 49 建筑师事务所设计，2008 年竣工。

安普里奥住宅大厦朴实无华的外立面是建筑的特色，大厦的外立面设置了纵横排列、错落有致的结构构件组合条板，组成了不同尺寸的方格装饰造型，这些突出于建筑立面的构件组合方式，正是综合式构件遮阳设施，突出的组合条板和内缩的外窗，解决了建筑遮阳、导风和挡雨的问题。其抗风性能安全可靠，工程造价相对低廉，不会因采用附加设施而产生安全隐患，节能减排；住户的能源支出也经济合算，在泰国这样的东南亚热带地区很有推广价值。

在建筑的东、西向立面，除了每层留有小型外窗以便采光使用外，基本不设外窗，这也是遮挡太阳辐射和隔热的一项良好措施。大厦的楼梯间被设置在建筑西侧，避免了在西面安排住宅房间的西晒问题；楼梯间的采光窗可以满足建筑内部楼层的采光。

建筑屋面的女儿墙也被设计成为通透的格栅式遮阳设施，在没有女儿墙格栅遮挡的屋面还设置了水平固定百叶遮阳设施，这些被动式遮阳设施为顶层住户提供了相对凉爽的屋面，免遭太阳直射。

安普里奥住宅大厦拥有 329 户居住单元，每个住宅单元均拥有 2.8m 的室内层高，居室及餐厅跨度达 7.5m。高大宽敞通透的居住空间，配以免费的外遮阳设施，是吸引业主入住的亮点。

1	
2	3
4	5

3.9　阿联酋迪拜的被动式太阳能建筑

　　这座被动式太阳能建筑群坐落在阿联酋迪拜，由 Graft Lab 格拉夫特建筑设计事务所设计。

　　建筑师充分凭借迪拜得天独厚的日照资源和地理位置，打造出充分利用太阳能源的异型建筑群。其设计理念是创建一个向空中发展的纵向建筑村落，并力求将居住者必需的能耗，通过清洁的天然能源的最大化利用达到满足。因此，建筑群的每一幢建筑集多项节能技术为一体，包括：太阳能电池板、建筑遮阳、通风和空气净化装置。

　　纵向建筑村落的低层建筑屋面均安装有太阳能光伏板，实现了太阳能光伏板全覆盖；高层建筑均采用外挑式露台，露台围挡均安装了太阳能光伏板以最大化利用太阳能。太阳能接收设备安装有太阳追踪系统，能够自动调节以获得最大的太阳能源。这些太阳能装置能够满足居住者照明、生活热水等用能需求，基本做到了能源的自给自足，建筑的北侧有自动遮阳系统，减小强烈的太阳辐射热进入建筑内部。太阳能设备的智能协调系统，达到了纵向建筑村落的太阳能源共享。

　　纵向建筑村落均采用固定结构构件为建筑遮阳。固定结构构件之一，是外挑檐式露台，外挑檐除了立面安装了太阳能电池板以外，其功能就是为其下一层建筑遮阳；固定结构构件之二，是每一露台西侧上方的固定遮阳构件，为本层的露台遮阳；每幢建筑体量的周围，均设计有突出于立面的边框结构，这些结构，也为附近没有外挑露台的住户在不同的时段为建筑不同位置的住户起到遮阳作用。而建筑的东西两侧均采用了不设计外窗的混凝土墙体，阻挡了早晨和下午强烈的阳光照射。这些利用建筑结构构件遮阳的设施，安全性能良好，有效降低了室温，大大降低了空调能耗。

　　外挑檐式露台又成为建筑的另一层表皮，在为建筑提供遮阳和太阳能源的同时，使建筑外型形成了凹凸有致的造型，起到导风的作用；每一幢建筑都南北通透，自然风可以穿堂入室，通风效果极佳。

　　纵向建筑村落不仅外观造型为人们留下了深刻的印象，其提倡室内舒适环境和节约能源的理念和对太阳能的充分利用，值得在阿联酋国家大力提倡。

1

2

3

3.10 荷兰格罗宁根的经济适用房建筑群

摄影：Jim Ernst, Mark Sekuur & Prima Focus

经济适用房建筑群名为自由居（La Liberté），是带有底商和低层办公区域的综合性建筑，位于荷兰的格罗宁根，占地面积 1.023hm²，总建筑面积 2.34 万 m²，由多米尼克·佩罗建筑事务所设计，建筑师为 Dominique Perrault，2011 年竣工。

建筑采取几个正方形叠加的手法，并采用了黑-白-灰的素描色彩作为建筑的基本色调。略微错位设计的黑白两色的两个建筑体量构成了建筑上部的居住区域；底商和办公区域则采用了玻璃幕墙结构，呈现出灰色调。自由居 A 座约 80m 高，B 座 40m 高。两幢建筑共有 120 套住宅单元，15 类户型，约有 40 种居室布局，便于不同购买能力的业主选购。

自由居建筑对外窗和起居室推拉门的设计具有独到之处。外窗立面与建筑立面在同一平面，且不可开启。外窗内侧设置有宽厚的边缘，在满足采光要求的同时，有利于保温隔热和遮阳，并防止噪声进入居室；室内通风基本依靠起居室的大型落地门窗。大型落地门窗由三扇推拉门组成，落地窗扇是固定的，居者可以根据自己的需要开启另外两扇推拉门，以达到通风和调节室温的目的。大型落地门窗外部东侧安装有垂直于建筑立面的轻质金属构件固定挡板，在不同的时间遮挡不同高度角的太阳辐射，同时，起到将自然光折射进入室内的作用，导风和保护隐私也是固定挡板的作用。由于荷兰湿润、少有飓风的气候，这种垂直固定遮阳挡板的利用，就具有明显的实用价值。

建筑上部的住宅区域，采用的是混凝土结构；底商和办公区域，则采用了玻璃幕墙结构，与居住区域有了明显的区别。而玻璃幕墙的采用，充分利用了玻璃的通透性和对光线的反射和作用，加之建筑附近水域对光线的折射和反射，更有利于建筑低层部位的采光，使这个区域无论是在白昼或是阴晴的天气条件下，都充满了免费的柔光，方便行人过往。同时，玻璃幕墙纵向排列的、精致的玻璃外框的采用，配合外侧附着有小直径的金属水平方向密集排列的装饰线条，组合成为格栅式遮阳措施，既不会阻挡室内对外的视线，还有利于遮挡一部分太阳辐射进入，满足了当地节能设计标准中对遮阳的要求。

自由居建筑群采用黑-白-灰结合的、持重、淡雅、洁净的色调，为建筑平添了诱人魅力，也体现出建筑师纯熟的设计技巧。建筑群立面轻质抛光金属挡板的使用，丰富了建筑立面的活力，使建筑群成为当地景观的新标识。

1	2
3	4
5	6

3.11 荷兰格罗宁根的 De-Rokade 酒店式公寓

摄影：Allard van der Hoek，Peter de Kan

De-Rokade 酒店式公寓坐落在荷兰格罗宁根市的 Corpus den Hoorn Laan 街与 Sportlaan 街交汇处，建筑面积 1.54 万 m²，由 Arons en Gelauff Architecten 建筑师事务所设计，2007 年竣工。

De-Rokade 分为两个部分：高层塔楼建筑和低层建筑。De-Rokade 塔楼高 21 层，以十字交叉的造型高耸屹立；另外 4 个公寓式单元是低层建筑结构。21 层塔楼公寓与低层公寓呈 "L 形" 布局。De-Rokade 的停车场拥有多个车位，并对外开放；与 De-Rokade 毗邻的 Maartenshof 医疗护理之家，为酒店公寓带来了健康护理方面的便利条件；酒店周遍的美景也是 De-Rokade 这种高密度住宅区域吸引业主入住的天然条件。

De-Rokade 在建筑设计方面，坚守节能和可持续发展理念。塔楼采用了冬暖夏凉的节能墙体；墙体表皮进行了遮阳设计：由于是十字交叉布局，在十字的每一笔画顶端立面，加设了一层穿孔表皮，这层表皮可以同时起到遮阳、挡雨、克服炫光和导风的作用；穿孔表皮被设计为宽出建筑体量本身，经过计算，这个宽度巧妙地为其内在的住宅起到全方位遮挡太阳辐射热的作用；表皮的穿孔结合建筑的玻璃幕墙，能够满足住宅的采光和通风需求。

4 层的公寓住宅向阳面，则采用了横向结构外挑与住宅结构内缩的方式，解决了克服炫光、遮阳、挡雨和导风的问题。

由于采用了节能墙体、穿孔表皮以及外挑与缩进的节能技术措施，De-Rokade 大胆使用了节能外墙技术与玻璃幕墙的完美结构形式，为业主提供了宽阔的视野和明亮的室内环境，并在保证了最佳室内热舒适度的同时，在降低建筑能耗方面得到了理想的效果，住户也因此减少了能耗开支，更为在格罗宁根市创建高密度住宅群的高舒适度的生活质量开了先河，受到各方的青睐。

3.12　西班牙马德里的赛洛西大楼

摄影：Ricardo Espinosa

赛洛西大楼位于西班牙马德里的 Sanchinarro，建筑面积 2.16 万 m²，由建筑师 MVRDV 和 Blanca Lleó 设计，2009 年竣工。

容纳了 146 个住宅单元的赛洛西大楼，是当地的经济适用房住宅建筑。建筑采取了由一系列密集的外墙和一系列通透露台穿插组成立面。建筑采用了铝合金与保温材料一体化的节能墙体，装饰性好，耐候性强，有利于冬季保温和夏季隔热；带有纵向条纹的铝合金饰面板，可以将雨水尽快排走并保持自洁，并克服了光滑金属饰面造成的光污染；淡色金属饰面还有利于反射夏季的太阳辐射。仅节能墙体一项，就为业主提供了室内热舒适环境基础，并减少了在建筑采暖和制冷能源方面的支出。

建筑师将赛洛西大楼的外窗设计为纵向狭长的落地窗，选择外窗与遮阳一体化的节能外窗系统，并在外窗外侧安设了 1/2 高度的聚碳酸酯固定遮阳挡板。外窗形状和遮阳设施的节能设计，在照顾到良好采光的同时，考虑了克服炫光和遮阳设施的使用，降低了太阳辐射入室造成的制冷能耗。

由于建筑是四面围合排列形式，因此，每两层就设置有若干个通透的露台，露台穿越了建筑体量的厚度，穿堂而过的自然风为围合式建筑的各个立面创建了通风条件，是免费的通风换气供给。露台空间内设置有连接不同楼座的过道，顶层露台顶棚还安设有穿孔混土盖板，便于采光通风，人们在楼内就能够与大自然亲密接触，公共露台还促进了邻里间的交流。外窗系统和通透露台也是建筑节能措施的体现。

赛洛西大楼安排有两层的停车场，可提供 165 个停车位。大楼拥有底商，可以方便业主的日常生活。

1		
2		3
4	5	6

3.13　罗马尼亚康斯坦萨的彩虹住宅群

摄影：Andrei Margulescu

彩虹住宅群位于罗马尼亚康斯坦萨的"海场"海湾，建筑群包含了5幢12层的住宅建筑。由建筑师 Re-Act Now 带领他的团队设计，建筑面积 2.6 万 m²。

彩虹住宅群面对罗马尼亚最受欢迎的海滨胜地马马亚，上佳的居住环境是这个建筑群突出的优势。"彩虹"住宅群的得名是由于建筑群体面海而立，5幢建筑全部采用了如同彩虹般的立面外观，与深邃的蔚蓝色大海色彩形成强烈的对比，成为马马亚海滨胜地的"不落彩虹"。

彩虹住宅群建筑外墙采用了金属彩色装饰板与保温隔热层一体化结构，这样的节能外墙使建筑在围护结构方面具有良好的热工性能，为赢得室内热舒适环境打下良好基础。

建筑群向阳面（即面向大海的一面）均被设计成为虚实相间的格局："虚"的部分是缩进的阳台，由于有上一层楼板的遮挡，这个空间效果犹如一个由外挑式屋檐形成的遮阳空间，阳台采用了玻璃围挡，因此，居室的落地窗与玻璃围挡有利于室内采光。经过认真计算的缩进的居室和遮阳空间，可以在夏季免费遮阳。在冬季，能够使阳光照进居室，为室内增温；"实"的部分是房间的外立面，相对缩小的外窗采用了节能玻璃，有利于遮挡紫外线进入室内，采用活动内遮阳帘，可以遮挡夏季强烈的阳光。这般虚实相间的设计，有利于克服过度强劲的海风影响，并引导海风进入室内，为居住者带来阵阵清凉，为室内提供理想的舒适温度。

建筑背向大海的立面全部采用了淡色，节能墙体的金属板采用纵向条纹装饰，有利于雨水滑落，且克服炫光的折射和反射。淡色立面还有利于反射强烈的太阳辐射，从庭院侧面望向海湾，仍然具有强烈的色彩对比，并使人心情放松，安静自如。建筑的楼梯间均设置在建筑北面，并开设小型外窗，避免冬季过多的冷风进入。

建筑群底层均为公共空间，设置有游泳池、健身区、若干私人事务接待室、洗衣房、附设小型酒吧及其他附属设施。

彩虹建筑群在节能建筑的基础上，利用结构构件建造了遮阳、导风设施，不必采用附加设施。如此设计，避免了强劲的海风对建筑附加设施的安全隐患，节约能源，节约投资，安全可靠，值得我国沿海建筑借鉴。

1	
2	3
4	

3.14 斯洛文尼亚的叠块住宅楼

摄影：Peter Krapež

叠块住宅楼位于斯洛文尼亚的 Majske poljane, Nova Gorica, Slovenia，由建筑师 Ravnikar Potokar 设计，项目面积 8200m²，2010 年竣工。

住宅楼犹如巨大的方块积木错落有致地叠加组合，叠块住宅楼因此而得名。住宅楼外观造型线条别致，充满动感又简洁大方。建筑围绕着垂直核心筒的正方形，每两层错位放置，营造出的悬挑部分形成露台。以结构造型取胜的悬挑露台，是下一层住宅的遮阳和导风设施。这种用结构造型构建的遮阳设施，安全牢靠，抗风压能力强，工程造价低廉，与建筑同寿命。

叠块住宅楼除采用外挑构造为建筑遮阳外，还采用了活动百叶表皮对建筑全覆盖。百叶表皮以楼层为结构层，横向展开，层层叠加，在结构和色彩上与整体结构配合，相得益彰。活动百叶采用了密集组合的金属窗扇形式，用推拉方式开启或关闭。居住者可以根据自己的需要，随时调节百叶窗扇的开启幅度，以达到采光、遮阳、通风换气和保护隐私的目的。活动百叶内侧的外窗和阳台围挡玻璃采用了 Low-E 镀膜玻璃，有效地克服了紫外线进入室内。活动金属百叶窗扇为模数化设计和施工，安全可靠，施工方便；金属百叶达到了当地抗风压力、抗腐蚀以及适应季节变化等要求，使用寿命长。

叠块住宅楼的首层是多功能活动区域，设置有食品店、日杂店、画廊和物业管理机构办公室。地下室设置有设备维护室、储藏室和停车库。

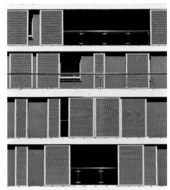

3.15　美国加利福尼亚的盖里大厦

　　盖里大厦位于美国加利福尼亚的圣莫妮卡市中心地带，是一座 22 层的综合性大厦，由弗兰克·盖里设计。大厦高 74.3m，有底商，并拥有 125 套酒店式住宅和 22 套公寓式住宅单元。圣莫妮卡市是弗兰克·盖里的故乡，盖里接受开发商 M. David Paul 合伙人公司及 Worthe 房地产集团的委托，设计了这座综合用途大厦，大厦以设计师的名字命名。

　　酒店式住宅公寓是一种新兴的住宅模式，建筑底商有多家零售商店和多种快餐店，地处沿海城市的酒店式公寓非常适合当地年轻的上班族和居家旅游度假人群居住。

　　22 层的高层建筑主体采用了结构构件形成的立面凹凸不一、间或带有扭曲的"表情"。这样的"表情"克服了高层建筑周围"风洞效应"的形成，有利于将和缓的自然风导入室内，并且在不同扭曲度的过渡中，避开了外窗直面太阳的方向，对克服炫光入室非常有利。向内缩进的外窗也是遮阳的有力措施。

　　建筑 6 ~ 11 层的外窗采用了加设外遮阳窗扇的方式，将小直径 – 密集冲孔的金属板作为窗扇，覆盖于外窗外侧，有利于遮阳、降噪音，克服了炫光也保护了隐私。

　　设计师弗兰克·盖里熟练地运用建筑外立面纹理结构的造型，在保证高层建筑安全牢固的前提下，提供了居室的热舒适环境，降低了建筑能耗和居住者的能源开支，又使建筑成为可持续发展的典范和当地地标性建筑，一举多得，值得借鉴。

```
          1
          ─────
          2
          ─────
          3
```

3.16 加拿大温哥华的综合住宅大厦

这是一座带有底商的综合住宅大厦，位于加拿大温哥华的格兰维尔街桥附近。建筑有 52 层，高 151.1m，建筑面积 21.33 万 m²，由"BIG（Bjarke Ingles）"集团公司设计。

建筑"见缝插针"的节地概念与其整体向上扭转的形态造型，使其成为这个区域新的地标性建筑，吸引了过往人们的眼球。建筑的多功能用途包括：底商、经济适用房和社会租赁公寓等。

扭转向上的建筑结构造型，有利于引导自然风上行，并使自然风包裹整幢建筑并进入每一层建筑空间；建筑整体扭转向上，将所有的外窗避开了直面太阳辐射，居室内采光充分，且克服炫光入室，成功取得了遮阳效果。仅仅在建筑造型方面的天才设计，就可以使所有业主免费受益，享受到理想的室内热舒适环境。

建筑利用扭转向上的结构造型和构件，结合外窗洞口凹进形成的外凸结构以及错位排列的窗口，形成了蜂窝状仿生效果，达到了结构紧凑、最大化利用空间容积率，其节能效果也非常显著：利用安全可靠的结构和构件造型，免费达到挡雨、避雪和遮阳的目的，还有效规避了大风和风压的危害；建筑外立面采用白色涂料，有利于反射夏季的阳光照射，也是节能的措施之一。

此外，建筑底商更为入业主提供了方便的购物环境，人们"足不出楼"便可以购买到所需的生活用品。建筑附近格兰维尔街的桥下通道，被设定为户外市场、庆典和音乐会的举办场所。周末和假日，这里是人们娱乐的好去处。建筑低层墩座的立面与桥体表面还被装饰成为引人注目的室外画廊，为这里的居民提供免费观景空间，是"城市艺术的整体组合"一个有机组成。

此综合住宅大厦从经济适用公寓的角度出发，利用建筑自身造型，为业主提供了多项安全和免费的居住以及外界优越条件，不仅受到业主和租赁者的青睐，还成为引导国际超高层住宅建筑在创建节能、舒适的居住环境方面的典范。

1

2

3

3.17 墨西哥城的 Sens 公寓住宅楼

摄影：Rafael Gamo, Aldo Moreno

Sens 住宅位于墨西哥首都墨西哥城 Cuajimalpa 的 Av. Carlos Echanove 136. Col. Lomas de Vista Hermosa。占地面积 3.1hm^2，总建筑面积 1.8 万 m^2，建筑设计由墨西哥的 ARCHETONIC + PROARQUITECTURA 设计所完成，设计师为 Jacobo Micha Mizrahi 和 Yack Amkie，2010 年竣工。

Sens 住宅是高档公寓建筑，由三幢 16 层的住宅楼组合而成。建筑采用了钢混结构与玻璃幕墙结合，保温与装饰一体化的结构形式。三幢建筑独立存在，又"骨肉相连"，通过室内、外多种设施连接，例如，两层一道的连廊、每层的电梯和兼顾安全通道的步行楼梯等，可以穿行于任一公寓住宅楼当中。建筑的二层以上是公寓的单元住宅，住宅内厨房、洗衣间、保姆房间及浴室等设施齐全，有独立的入口供家政人员使用。建筑的首层为宽阔的公共活动空间、人行通道、公共会所和运动娱乐设施。建筑顶层设置有公共泳池，半封闭的泳池，根据季节免费为业主开放。泳池的设施和水温设置均采用了节能设计和设备。

三幢住宅建筑在风格上协调一致，均采用了玻璃幕墙与外挑的水平金属框架结合的结构形式，这种结构形式不遮挡视野。设计师对水平金属框架的出挑宽度设计进行了精心计算，在夏季，有力地遮挡了强烈的太阳辐射热进入室内；冬季，可以让更多的温暖阳光进入室内。由于有外挑的金属框架具有节能和保护作用，玻璃幕墙构成的落地窗使室内采光充分，在室内的每一个部位，都有通透明亮的感觉，节约了能源，省减了不少人工照明设施。

三幢建筑还有对夏季炎热阳光的相互遮挡作用，是建筑遮阳的另一措施。在建筑的东西向里面和不需要大量采光的部位，采用了保温与装饰一体化的实体墙。实体墙上开设有仅供采光的狭长窗户，最大限度地满足保温隔热要求。建筑屋面板被设计为外挑的宽大屋檐，这个屋檐为在顶层的居室遮阳、挡雨，并引导自然风进入室内，为顶层住户提供良好的室内热舒适环境。

建筑师还设计了室内活动遮阳设施，内外遮阳设施的结合，共同营造出适宜的居住环境热舒适度条件。

建筑内部设置有多处水系，用以养殖观赏鱼类、种植水草花卉、营建水帘以及泳池系统，有效地缓解了墨西哥干燥气候给人带来的不适，水景系统可以在炎热的夏季起到降温保湿的作用 并为人们的室内健身提供支持。在夜晚，每座建筑的入口处由于有玻璃幕墙的透光以及水系的反光，建筑内部的公共空间只需使用少量的节能光源就可以满足人们的视觉需求。

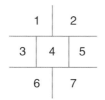

3.18 巴西圣保罗的 360 度住宅

摄影：FG+SG

　　360 度住宅坐落在巴西最大的城市圣保罗，建筑面积 2797m²，由建筑师设计组 Gabriel Bicudo, Manoel Maia 设计，Esteng Estrutural Engenharia 任结构工程师，建筑部分由 Isay Weinfeld 完成，2013 年竣工。

　　在人口众多的圣保罗，建筑必须向高处发展。对于超高层建筑，考虑到从内部向外观望和人们从城市不同的角度对这座建筑的观赏需求，在视觉方面对建筑师是一次挑战。因此，建筑师为这座建筑外立面进行了每层 360° 旋转的结构设计，取得了满意的视觉效果。360 度住宅也因此得名。360 度住宅位于将 Alto de Pinheiros 与 Alto da Lapa 两个市区分开的山脊，可以 360° 地俯瞰周边美景，其所处位置优越，适宜设置外窗。

　　住宅楼 360° 旋转的思路，是指对建筑的四个外立面均设置外窗，只有这样，才能取得 360° 的视觉效果。如此设置的外窗，使整幢建筑从四面八方看起来都充满活力，有着与外界互动的感觉，不论是居住者和外界，都可以从不同的角度以最宽阔的视野得到视觉满足。360 度住宅楼拥有面积为 130m²、170m²、250m² 和 415m² 不等的 7 种公寓类型，每层楼住宅都可以从不同立面所在的角度向外观景。也正因为此，建筑设计师为每一侧外窗设置了活动内遮阳设施，鼓励业主使用，以降低空调制冷能耗。

　　360 度住宅楼四个外立面的外窗，采用了凹凸有致的排列造型，每个凸出结构均独立地突出于立面,在凸出的结构之间留有适当的间距,便于自然风穿过。凸出结构又为下面的结构遮阳挡雨,并引导自然风环绕在建筑周围。横向通长设置的外窗被纵向窗扇分割,便于局部开窗通风。外窗采用了 Low-E 玻璃，外窗外侧的下半部分采用了防紫外线和红外线的涂料进行处理，起到固定外遮阳、克服眩光和保护隐私的作用。建筑采用了深浅咖啡色主的色调，作为外立面装饰，给人安静怡然的感觉。

　　建筑每一层的凹进部位是半室外连廊，用格栅式挡板作围挡，有利于使自然风随时穿过，居住者不必走到户外就可以享受到清风的吹拂。由于是半室外结构，不必人工照明，就可以进行充分地采光。

　　建筑的门厅占据了两层楼高的空间，是整幢建筑的出入口，门厅外的四周是波光粼粼的水池。地下一层设置了健身房、休息室、公共活动室和洗衣房等空间；地下 3 层是停车场；再往下还有员工宿舍、储藏室和机房。半地下室是桑拿房和一个室外游泳池。

1	
2	3
4	5

3.19 摩纳哥的西蒙娜公寓

摄影：Serge Demailly, Courtesy of Jean-Pierre Lott Architecte

西蒙娜公寓位于摩纳哥。项目面积 7500m²，由建筑师 Jean-Pierre Lott 设计，2012 年竣工。

西蒙娜公寓的建筑特色表现在建筑外立面的不凡表皮：建筑采用混凝土构件筑建了"有规律却不规则"的枝状镂空表皮。表皮内侧是宽大的玻璃落地窗。枝状镂空表皮有效地保护着大面积玻璃，尽量少受外界季节和气候变化的影响，也为室内敞开了视角。白色枝状镂空表皮在夏季有效地遮挡强烈的太阳辐射进入室内，为室内创造出遮阳、无炫光干扰的舒适环境，降低了建筑能耗，减少了用能费用。

枝状镂空表皮与内侧玻幕之间是室内外环境的温度过渡通廊，缓解了室内外的温差变化，有利于夏季遮阳、防热以及冬季保温得热，也是人们交流的无障碍空间。玻璃围挡设置在靠向枝状构件一侧，不影响居住者从室内向外观望。

通体白色建筑的东西向墙体上开有少量波浪形小窗，使人们联想到大海深处的水流和白色珊瑚。小窗的真实作用是在照顾到采光和通风的前提下，尽量减少太阳辐射和冬季冷风的穿行，也是节能降耗的极好措施。

3.20 智利圣地亚哥的某住宅楼

摄影：Sergio Pirrone

位于智利圣地亚哥的这座住宅楼，建筑面积为 2.19 万 m²，由建筑师 Felipe Assadi 和 Francisca Pulido 设计，2010 年竣工。

此住宅楼为经济适用房，建筑师本着节约能源和再生材料循环使用的可持续发展理念，在建筑设计时，充分考虑了节能措施，并选择可循环使用的金属合金材料作为建筑用金属材料。

26 层的住宅楼拥有 285 套住宅单元；建筑的首层是公共空间，有四层的地下空间，分别是车库、游泳池和私家储物间；屋顶有可供公共娱乐、运动等活动用露台和游泳池。

住宅楼向阳的立面安设有 120 个太阳能光伏板，建筑屋面也安设了大面积太阳能光伏板，这些设备在为整幢大楼提供采暖和生活热水以及游泳池加热能源的同时，也是建筑遮阳设施。太阳能光伏板的使用，确保业主在夏季用能达到零能耗；而冬季，节约 70% 的能耗，大幅度降低了业主在能源支出方面的费用，受到人们的普遍欢迎和称赞。太阳能光伏板做到业主独立管理，多余的发电量可以输入到国家电网。建筑立面的太阳能光伏板也是固定遮阳设施，经过精心计算，光伏板安装角度能够遮挡夏日强烈的阳光辐射进室内；同时，在冬季人们需要阳光的季节，并不阻碍阳光的进入，为室内辅助增温。

建筑临街的东立面设置了全覆盖太阳能光伏设施，安装在循环使用的合金金属框架之中，成为建筑表皮，起到发电、遮阳和阻隔噪声的作用。这层表皮顺着建筑东立面一直向上，包裹了建筑的东立面和屋面，也为建筑屋面和设置在屋面的设备间遮阳、挡雨。为保证良好的采光，有 1/3 的立面面积由透明玻璃取代，便于居住者对外观景。

建筑西立面以节能墙体为主，开设了仅供采光的小型外窗，避免了夏季太阳辐射入室和冬季寒风对室内的侵袭。

屋面设置了具有"烟囱效应"的无动力通风器，可以满足楼宇日常的通风换气，是节能建筑的又一措施。

1	2
3	4	5

3.21 澳大利亚霍桑的 Vivida 学生公寓大厦

摄影：Gabriel Saunders

Vivida 学生公寓大厦位于澳大利亚霍桑的伯伍德路 367 ~ 369 号，由 ROTHELOWMAN 建筑事务所设计。

公寓大厦可容纳近 200 张床位。面积和格局相同，便于建筑的模数化设计和施工流程。设计师为建筑物立面设计了不凡的图案和表皮表现形式，并利用其独特的表皮，成功完成了遮阳和保温方面独到的节能设计理念。

在模数化基础上，这幢高层宿舍建筑向阳的外立面采用了玻璃幕墙与金属模数化表皮相结合的形式。金属表皮以双排菱形对角折叠波纹的表达形式，凹凹有致，每两排交错拼接的几何图形，层层错角叠加的巨大的金属立面表皮，横向舒展，犹如翻腾跳跃的波光，也显示出大学生朝气蓬勃的精神世界。

金属表皮更具有节能意义：金属表皮耐候性好，重量轻，结实安全，为内层玻璃幕墙起到遮挡作用；淡灰色金属对夏季太阳辐射热有良好的反射作用；由于金属表皮的"错角"部分恰好是建筑外窗的位置，可以满足室内采光要求；玻璃幕墙与金属表皮之间的合理距离，是相对稳定的空气层，不论冬夏，均为建筑起到保温隔热作用；金属表皮以及其阴影部分，在夏季为建筑遮阳；金属表皮上设置有可以向外推拉打开的三角形窗扇，满足了通风的需求；金属表皮在冬季起到为建筑室内保温的作用。金属表皮使建筑在少用或不用能源的条件下，得到了免费的冬暖夏凉的舒适的室温环境。在一天中的不同时间、不同的角度观察大厦，跃动的外观极富美感。

由于是相对围合式建筑，大楼面向内庭一侧，则被设计为简洁的玻璃幕墙与通廊结合的立面。缩进的宿舍立面采用了玻璃幕墙，缩进尺寸经过准确计算，便于采光，并且兼顾了便于夏季遮阳和冬季得到阳光照射；与缩进的宿舍立面对比，相对外凸的建筑横梁结构，是宿舍楼层的通廊，也是构件遮阳设施。通廊全部采用玻璃围挡，也是满足采光要求的措施，通廊同时便于同学之间的交流。

公寓大厦的东-西立面被设计为金属装饰板与保温层结合的一体化墙体，颜色与向阳面金属表皮色彩一致。楼梯间也设置在建筑的东-西两侧，以更少地占用住宿面积；楼梯间开设小窗，便于冬夏季节的保温隔热。

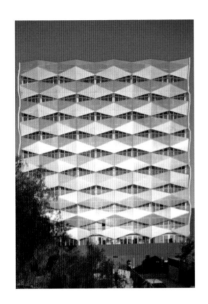

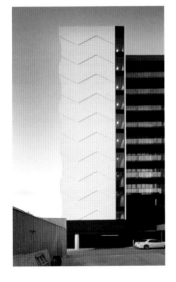

1	2
3	4